高等院校数据科学与大数据专业"互联网+"创新规划教材

生物特征识别技术及应用

主　编　苏雪平

副主编　任　劼　焦亚萌　胡文学

北京大学出版社

PEKING UNIVERSITY PRESS

内 容 简 介

本书主要内容包括虹膜识别、人脸识别、指纹识别、语音识别、步态识别、手势识别及其他模式识别。本书编写风格新颖、活泼，案例丰富、有趣，内容实用。书中二维码资源种类多样，包括图文和视频等，可作为补充内容使用。

本书适合作为高等院校数据科学与大数据专业、人工智能类专业及其相关专业的教材，也可供科技人员作为参考书使用。

图书在版编目(CIP)数据

生物特征识别技术及应用/苏雪平主编 . —北京：北京大学出版社，2022.9
高等院校数据科学与大数据专业"互联网+"创新规划教材
ISBN 978-7-301-31887-4

Ⅰ.①生… Ⅱ.①苏… Ⅲ.①特征识别—高等学校—教材 Ⅳ.①O438

中国版本图书馆 CIP 数据核字（2020）第 239883 号

书　　　名	生物特征识别技术及应用
	SHENGWU TEZHENG SHIBIE JISHU JI YINGYONG
著作责任者	苏雪平　主编
责 任 编 辑	黄园园　郑　双
数 字 编 辑	蒙俞材
标 准 书 号	ISBN 978-7-301-31887-4
出 版 发 行	北京大学出版社
地　　　址	北京市海淀区成府路 205 号　100871
网　　　址	http://www.pup.cn　新浪微博：@北京大学出版社
电 子 邮 箱	编辑部 pup6@pup.cn　总编室 zpup@pup.cn
电　　　话	邮购部 010-62752015　发行部 010-62750672　编辑部 010-62750667
印 刷 者	北京鑫海金澳胶印有限公司
经 销 者	新华书店
	787 毫米×1092 毫米　16 开本　11.75 印张　282 千字
	2022 年 9 月第 1 版　2024 年 5 月第 2 次印刷
定　　　价	39.00 元

前　言

随着现代社会对公共安全和身份鉴别的准确性、可靠性要求日益提高，传统的密码和磁卡等身份认证方式因其容易被盗用和伪造已远远不能满足社会的需求。而生物特征以其唯一性、稳定性和可采集性在身份认证中发挥着越来越重要的作用。考虑到社会对创新人才的要求，编者组织编写了本书。

本书简述了各种生物特征识别的原理、流程，希望能引起广大读者对生物特征识别技术的关注，也希望能够推动生物特征识别技术在各个领域的应用。本书力求做到集知识性、实用性和趣味性于一体，尽可能地避免烦琐而枯燥的公式推导，注重引导和启发读者。在每章中，设置了"学习目标""学习任务""导入案例"，并在必要之处嵌入二维码素材，以供学生根据需要随时在线学习，从而更好地理解所学知识。

本书由苏雪平担任主编并负责统稿工作，任劼、焦亚萌、胡文学任副主编，李云红、陈宁参与了本书的编写工作，朱丹尧、高蒙、段嘉伟、赵兴凯、何娇、杨帆、李鹏浩、孙丹丹、肖帅等参与了本书内容的整理、图形绘制及二维码信息的收集工作。本书得到了"纺织之光"中国纺织工业联合会高等教育教学改革项目"纺织高校人工智能类课程的翻转课堂教学改革研究"（项目编号：2021BKJGLX030）、西安工程大学 2020 年校级规划教材建设项目"生物特征识别及应用"、西安工程大学 2021 年教育教学改革研究项目"信息类专业引入人工智能系列专业课程的翻转课堂教学研究"（项目编号：21JGYB08）等的支持。本书包含了编者多年的科研和教学实践成果，编写过程中参考了大量国内外的文献资料，在此对相关作者表示真诚的感谢。本书的编写和出版得到了西安工程大学的大力支持，在此表示衷心的感谢。木书在编写过程中，得到了很多专家的关心和帮助，同时北京大学出版社的编辑也给予了大力支持，在此一并表示感谢。

由于编者水平有限，书中不妥之处在所难免，恳请广大读者批评指正。

编　者

2022 年 3 月

资源索引

目　　录

第**1**章

绪论

信息化时代，如何准确鉴定一个人的身份并进行信息安全保护，成为一个亟须解决的社会问题。传统的身份认证因易伪造和丢失，难以满足社会需求，而目前较为便捷与安全的解决方案是生物特征识别技术。生物特征识别技术是指通过计算机利用人体固有的生理特征（指纹、虹膜、人脸、语音等）或行为特征（步态、手势等）来进行个人身份鉴定的技术。其作为人工智能、模式识别、计算机视觉、信号与信息处理和分析等交叉学科的前沿方向，具有重要的理论意义与应用价值。此外，相比传统的身份认证，生物特征识别简捷快速，且其身份认定安全、可靠、准确。同时更易于实现计算机安全、监控与管理等系统的生物特征加密，实现自动化管理。由于其广阔的应用前景、良好的社会和经济效益，已引起国内外学者的广泛关注和高度重视。近年来，随着新模态（脑电、心电、人耳、行人重识别等）、新方向（深度伪造、对抗攻击等）、新理论（生成对抗网络），以及复杂场景精准身份识别问题的出现，生物特征识别技术仍是极具挑战性的课题，亟待进一步解决。

 学习目标

➤ 了解生物特征识别的方式；
➤ 能够正确认识传统身份鉴别与生物特征识别。

 学习任务

知识要点	能力要求	学习课时
传统身份鉴别	（1）了解传统身份鉴别的方式 （2）了解传统身份鉴别的局限性	2 课时
生物特征识别	（1）了解主流生物特征识别的方式 （2）掌握选择生物特征识别技术的原则	

导入案例

古代的身份证

2019年9月19日上午，清镇市流长乡马场村超市老板发现自己超市保险柜内的6万元现金全部丢失，立即报警。刑警调取超市监控后初步判断是三人作案但未能获取到清晰的人脸信息。在追寻过程中，通过犯罪嫌疑人留下的螺丝刀等作案工具及犯罪嫌疑人留下的半瓶未喝完的饮料，快速提取指纹和DNA并移交检测室检验后识别犯罪嫌疑人身份信息。2019年9月20日凌晨5时许，犯罪嫌疑人全部落网。公安部门的公告中提到了追捕、侦破过程中运用的两大科技手段：DNA鉴定和指纹对比。目前，这两项技术是世界范围内应用最广、最为成熟的犯罪侦查技术之一。在抓捕过程中，公安人员通过勘察犯罪现场获得犯罪嫌疑人指纹，并在追捕过程中不断收集犯罪嫌疑人指纹并进行比对，以此判断犯罪嫌疑人的行踪，确保追捕方向的准确性。

1.1 传统身份鉴别

身份鉴别是每个人都会面临的一个重要问题，与生活、工作、出行紧密相关，在诸多场合需要提供个人身份信息以证明自己的身份。身份鉴别就是通过技术或者非技术的手段，将待鉴别人员提供的身份信息与数据库中的身份信息进行比对，从而进行身份确认。

传统的个人身份信息可分成以下两大类。

（1）标识身份的物品，如钥匙、身份证、印章、银行卡、护照、驾驶证等。

（2）标识身份的特定知识，如用户名、密码、暗语等。

这些标识身份的物品和特定知识都是人的"身外之物"，传统的身份鉴别方法正是依赖人的这些"身外之物"，通过鉴别一个人是否具备这些特定身外物品或者是否知道特定的知识内容来证明此人的身份。其实质是将人的身份鉴别问题转化为鉴别其是否拥有这些"身外之物"的问题。例如，在进入单位大门时，通过出示证件证明自己的身份，以获得进入的许可；在登录计算机系统时，通过输入用户名和密码向计算机系统表明身份，以获得使用计算机的权限；在通过网络进行交易时，通过数字签名技术向对方证明自己的身份，以获得交易的许可。凡是要验证身份信息的场合都会遇到身份鉴别的问题。为了提高身份鉴别的准确性，这两类身份标识有时候也会结合起来使用，如客户在使用自动取款机时除了需要提供银行卡外，还需要输入密码。

传统的身份认证方法存在人和物分离的实际情况，已经无法满足网络时代和计算机普遍应用的场合对身份认证的安全性和方便性的要求，迫切需要解决"人"和证明人身份的"物"之间不分离的问题，即"人证合一"的问题。人们在探索更安全可靠的身份鉴别方法的历程中，计算机技术、传感器技术和模式识别技术的兴起，促进具有"人证合一"的生物特征识别技术的快速发展，因此它们成为下一代身份鉴别技术的研究方向。人脸、虹膜、指纹、语言、步态、手势等是人体不可分离的一部分，用这些生物特征来标识人的身份，可以满足"人证合一"的要求，同时也具有个体差异性和长期稳定性。因此，生物特征识别有望成为未来身份认证的主要方式。基于生物特征的身份认证方法不存在人和证件分离的情况，且不存在丢失和遗忘的现象，增加了身份假冒的难度，成为近年来的研究热点。

小知识：身份证的前 6 位为行政区划代码，第 7～14 位为出生日期码，第 15～17 位为顺序码，第 18 位（即最后一位）为校验码。

1.2 身份鉴别面临的挑战

人们要想证明自己的身份，需要随身携带各种身份证件来表明自己的身份。过去，人们的生活和工作范围相对较小，传统身份鉴别方法简单有效。随着社会的发展，人们的活动范围扩大，由于任何一种身份物品都不具有通用性，因此出差时需携带大量表明身份的物品或记忆表明身份的诸多信息显然很不方便。特别是在如今的电子信息时代，网络成为人们的重要活动领域，而注册用户名具有任意性，为了访问不同网站需要注册不同于他人的用户名，记忆这些用户名对网民来说有一定难度。

随着城市规模的不断扩大和交通网络的日益发达，城市人口规模逐渐增大，并且呈现出越来越强的流动性，如何对大规模流动性的人口进行简单、有效的身份鉴别与认证成为摆在各级政府和企事业单位面前的一个重要的问题。此外，随着计算机及网络技术的快速发展，网络信息安全也显示出前所未有的重要性。自动身份鉴别与认证的准确性是保证信息系统安全的必要前提，在国家安全、金融、司法、电子商务、电子政务等应用领域，都需要准确的身份鉴别与认证。依靠传统的身份鉴别手段已经很难保证身份鉴别结果的准确性和实现远程身份认证的可行性。

采用钥匙、证件的门禁系统，以及采用用户名和密码的网上交易，易被伪造和破译，导致身份鉴别结果不可靠。对于计算机网络用户来说，登录不同的网站需要注册不同的用户名，以致每个用户具有许多不同的用户名，很容易记错或者遗忘。据统计，平均每个网民至少拥有 21 个用户名和密码，为了便于记忆，约有 81％的人会选择亲人的名字、生日、电话号码等作为用户名和密码，这样很容易被猜出和破译，安全性较低，并且 30％的人会将他们的用户名和密码保存在某个文件中或者记录在某个位置，这样很容易丢失或被窃取。

传统的识别方法利用物品表示身份，而用来标识身份的物品越多，越容易造成身份标识物的丢失，标识身份的信息越容易被记错或遗忘，甚至有些标识物还容易被破译和复制。这些身份标识物和信息一旦被非法获取，而识别系统不具有区分这些身份标识物和信息的真正拥有者和冒充者的能力，则可能会给自己、他人、公司和社会等造成巨大损失。不法分子利用盗取或破译来的用户名和密码非法登录他人账户的案件与日俱增，利用虚假证件的违法犯罪现象也日趋严重。当今时代，人们几乎每天都要面对身份验证，因此传统身份鉴别的方法受到了严峻挑战。

随着网络的发展和网上交易的增加，盗用他人用户名和密码非法登录的案件也日益增多。因此，每个国家都迫切需要更为有效的身份鉴别技术。

1.3　兴起的识别技术

近年来，在国家安全、航空安全、金融安全、社会安全、网络安全等领域，需要更精确、更可靠、更实用的身份鉴别方法，依靠身份证件、用户名和密码的形式进行身份鉴别已经无法满足信息时代对身份验证有效性和身份鉴别准确性的要求。更为严重的是，这些传统识别方式无法区分真正的拥有者和取得身份标识物的冒充者，一旦他人获得了这些身份标识物，就可以拥有相同的操作权限。在此需求的驱动下，基于人脸、虹膜、指纹、语音、步态和手势等生物特征的识别技术应运而生。

在进入银行金库时，需通过指纹识别或者虹膜识别向门禁系统表明自己的身份，以获得进入的许可。网络信息化时代的一大特征就是身份的数字化和隐性化。如何准确鉴别一个人的身份及保护信息的安全是当今信息化时代必须解决的社会问题，悄然兴起的生物特征识别技术正在解决这一问题。

在航空领域，进入机场时通过生物特征识别对机场员工进行身份鉴别可提高航空的安全级别。许多国家发放了生物信息护照，避免了伪造身份现象的发生。个人计算机、手机等电子产品也嵌入了生物特征识别技术，增强了信息安全性。生物特征识别技术在考勤、考试、刑侦等方面具有广阔的应用前景。生物特征识别方法可取代人们手中的各种证件，如基于指纹和虹膜的银行自动取款可取代银行卡；基于人脸、虹膜和指纹的识别系统可取代人们手中的钥匙等。

传统的身份鉴别已经无法满足有效的身份鉴别和安检的要求。近年来，可靠的身份识别技术成为研究的热点问题。相关理论和技术的迅猛发展以及新型材料和传感器的不断出现，为获取高精度高分辨生物样本奠定了基础。

生物技术的发展和进步为身份鉴别提供了新的方法和手段，用人自身具有的特征作为身份标识物，取代传统的身份标识物，具有"人证合一"、更加可靠和使用方便的特点。这项技术改变了人们的生活方式和商业模式。

生物特征识别由来已久，早在1882年就有了采集人的图像，记录人的身高、食指长度和胳膊长度，从而实现区别人身份的历史记录；1900年，美国开始研制指印区分系统，于1965年实现了近81万人的指印分类系统；1972年，关于人脸识别的第一篇论文发表[1]。20世纪80年代以来，许多生物特征识别技术，包括人脸、虹膜、指纹、语音、步态、手势等识别算法进一步完善，技术逐步成熟，识别系统得以实现。在维护国家安全、个人信息安全、航空安全、救援物资发放和免费医疗等方面得到了广泛应用。在防止他人冒充身份方面，生物特征识别技术已经表现得足够优秀，对准确鉴别身份起到了重要的作用。

小知识：中国第二代居民身份证是由多层聚酯材料复合而成的单页卡式证件，采用非接触式 IC 卡技术制作，具备视读和机读两种功能。证件尺寸设计为 85.6mm×54.0mm×0.9mm。

1.4 生物特征识别简介

无论何时，人们登录计算机、使用自动取款机取款、使用信用卡消费或通过门禁系统进入受限区域，都离不开身份的认证。人们希望有一种更安全、更可靠、携带使用更方便且不容易丢失和遗忘的事物来标识其个人身份，个体本身的生物特征则是一种可行且理想的选择。近年来，在维护国家安全、航空安全、金融安全、社会安全、网络安全、信息安全等领域，生物特征提供了更精确、更安全、更实用的鉴别方法。生物特征识别技术以个体唯一的、可靠的、稳定的生物特征为识别体，比传统的身份鉴别方法更安全、更保密、更方便。

人脸、虹膜、指纹、语音、步态、手势等生物特征具有唯一性、终生不变、随身携带、不易丢失或被冒用、防伪性能好等特点，正在成为身份认证的新介质，受到世界各国的普遍关注，具有实际应用价值。

生物特征识别技术利用人类的生理或行为特征进行身份鉴别和认证，认证的是"身内之物"，而不是"身外之物"。人们可能会遗忘或丢失标识他们身份的证件物品或用户名及密码，但是人们不会丢失他们的人脸、虹膜、指纹、语音、步态、手势等生物特征。另外，个人的生物特征也不会被分享，所以生物特征识别系统很难被欺骗，或者说欺骗成本很高。

防伪性差和防欺诈性差是造成非生物特征身份鉴别方法安全性低的主要原因。防伪和制假相生相伴，了解防伪的技术特点，就有可能制假。采用高科技防伪的同时，也可利用高科技制假，许多高科技犯罪就是利用计算机等技术伪造虚假证件，导致目前广泛使用的依靠证件、个人识别码、口令或钥匙等手段来鉴别个人身份的系统安全性极大降低。无法区分身份标识物真正的拥有者和冒充者也是非生物特征识别系统的一个致命的缺点。非生物特征的身份鉴别方法已不能适应新形势下的新要求，人们迫切需要新的方法，这就促使身份鉴别手段由非生物特征转向生物特征的鉴别，从而实现"人证合一"。

利用计算机技术实现基于生物特征的身份自动鉴别步骤如下。

(1) 从独立个体采集生物样本，这些样本可以是虹膜图像、指纹图像、人脸图像、声音的数字化描述和步态时序图像等。

(2) 进行预处理，主要进行特征区域定位或者去除噪声处理。

(3) 进行特征提取，并将提取的特征与数据库存储的身份特征进行比对。

(4) 输出比对结果，完成身份确认。在基于生物特征的身份鉴别领域，身份信息全部是以数字形式存储于数据库或者 IC 卡中，鉴别身份时，能够对持有者的合法性进行有效验证。

生物特征包括生理特征和行为特征。生理特征主要包括指纹、掌纹、视网膜、虹膜、人体气味、人脸、皮肤毛孔、手腕的血管纹理和 DNA 等，它们是人先天具有的。行为特征主要包括签名、行走的步态、击打键盘的力度等，它们是人在后天习惯养成的。

作为标识身份的生物特征必须具备身份标识的特性，理想的生物特征识别系统应满足以下条件。

（1）生物特征具有普遍性和唯一性。

（2）生物特征的采集不受采集条件影响而改变。

（3）系统能够区分真正的拥有者和冒充者。

近年来，随着计算机技术和信息处理技术的不断进步，生物特征识别技术逐渐被大众所认可。基于生物特征的身份鉴别技术越来越显示出它的优越性，以人类的生物特征进行身份鉴别，已经成为信息技术领域的重要发展方向。

1.5　生物特征识别的研究现状

利用人类个体的生理和行为特征进行个人身份鉴别已经取得了许多研究成果。目前，国内外的高新技术公司用人脸、虹膜、指纹、语音、步态、手势等作为身份信息取代身份证件、银行卡、用户名和密码等，并且已经在机场、银行和各种电子装置上进行了广泛应用。

在电子商务领域，网上交易的安全性和有效性必须依赖可靠的身份验证。基于用户名和密码的身份鉴别方法存在安全性低及易被破译的问题，而将生物特征识别技术用于交易者身份鉴别很难被复制，因此生物特征识别技术可为网上交易提供更可靠的交易平台。这样，人们在网上购物或交易时，需首先通过生物特征识别进行身份认证，保证网络交易参与者身份的真实有效，减少不法分子对网络交易的破坏。

国家安全、航空安全、金融安全、社会安全、网络安全、信息安全等领域对生物特征识别的研究更加重视。安全和反恐成为航空、金融和信息等领域最关心的问题，相关行业的从业人员都希望通过生物特征识别技术来提高该领域的安全性。在国外，政府等机构普遍重视生物特征识别。例如，比利时政府向公民发放了生物信息护照；德国机场采用生物特征识别技术对员工身份进行鉴别；美国新护照带有人脸识别数据。我国虽然起步较晚，但发展很快，许多科研院所和企业在指纹识别、人脸识别、虹膜识别、指静脉识别等方面取得了显著成果并进行了产业化，达到了世界领先水平。我国的第二代居民身份证中加入了生物特征数据，如指纹信息，将来也可以将更多的生物信息加入其中。在应用上，一些地方已经在社保、考勤、考试和客运安全等领域启用指纹识别，防止舞弊等行为。指纹识别、虹膜识别、人脸识别在公安、金融、民政、军事等许多行业获得了成功应用，满足了这些领域对身份鉴别准确性和安全性的需求。

虽然生物特征识别的普遍应用还需要一个长期的过程，但是针对各行各业的应用研究已经开始，如网上支付的身份认证和信息安全系统已逐步在采用生物特征识别技术。可以预见，在不久的将来，生物特征识别技术必将越来越广泛地应用于生活和工作的各个领域。

1.6　选择生物特征的原则

在实际应用中，应该选择何种生物特征来建立身份鉴别系统呢？首先需要考虑选择的特征是否具有普遍性、唯一性、稳定性、可定量测量性。在满足这些基本条件的基础上，再综合考虑其他方面的性能。例如，识别准确率、召回率、精准率及F1值等；对软硬件的要求和识别的效率；可接受性；安全性能；是否具有相关的、可信的研究背景作为技术支持；提取的特征容量、特征模板的存储空间；注册和成本价格；是否具有非侵犯性等。没有一种生物特征能够完全兼顾各种性能指标，达到完美无缺。不同生物特征的身份鉴别系统各有优缺点和适用范围。

基于不同的生物特征可以构建不同的应用系统。例如，人脸识别为公共监控提供了全新的方法；虹膜识别适用于特定的、对安全性要求较高的场所；掌纹识别和指纹识别在物理门禁系统得到了广泛的应用等。在各种基于生物特征的身份鉴别技术中，虹膜识别具有精度高、对使用者侵犯性小、适用人群广的特点。另外，由于虹膜识别不涉及个人的隐私问题，更容易获得用户的青睐。

在对安全有严格要求的应用领域，往往需要融合多种生物特征来构建高精度的身份鉴别系统。数据融合是通过集成多源的信息和不同专家的意见以产生一种决策的方法。将数据融合方法结合多种生理和行为特征进行身份鉴别，可以提高鉴别系统的精度和可靠性，这无疑是安全身份鉴别领域发展的必然趋势，但这样做的代价是增加系统的复杂性。

目前以人脸、虹膜、指纹、语音、步态、手势等为代表的生物特征识别正逐步从实验室走向应用场合，生物特征识别技术将会应用到更广泛的领域，随着生物特征识别技术的发展和完善，生物特征识别的成本将会降低，并成为未来身份鉴别的重要方式。

为了防止恶意伪造或窃取他人的生物特征用于身份认证，生物特征识别系统必须具有活体检测功能，即可以判别向系统提交的生物特征是否来自有生命的个体。一般生物特征的活体判别技术利用的是人们的生理特征。例如，活体指纹检测可以基于手指的温度、排汗、导电性能等信息；活体人脸检测可以基于头部的移动、呼吸、红眼效应等信息；活体虹膜检测可以基于虹膜震颤特性、睫毛和眼皮的运动信息、瞳孔对可见光源强度的收缩扩张反应特性等。

从现有的技术水平来看，活体检测功能一直是生物特征识别系统的薄弱环节。目前，已有研究人员使用伪造的指纹和人脸攻破了现有的系统，引发了部分用户对生物特征识别技术的信任危机，因此活体检测技术是生物特征识别系统进入高端安全应用的一大瓶颈。

1.7　几种生物特征识别技术及比较

生物特征识别技术具有不易遗忘、防伪性能好、不易伪造或被盗、随身"携带"和应用方便等优点。其技术核心在于如何获取这些生物特征，并将其转换为数字信息，存储于计算机中，利用可靠的匹配算法来完成验证与识别个人身份。下面介绍几种常见的生物特征识别技术，如表1-1所示。

表1-1　常见的生物特征识别技术

识别方法	是否接触	普遍性	稳定性	识别精度	反欺诈性
虹膜识别	否	高	高	高	高
人脸识别	否	高	中	中	低
人耳识别	否	高	中	中	中
指纹识别	是	中	中	高	低

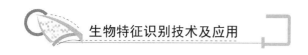

1. 虹膜识别

在所有的生物特征中，虹膜识别技术是错误率最低的一种生物特征识别技术。虹膜是位于眼球角膜和晶状体之间的圆盘状血管膜。每个虹膜都包含独一无二的基于晶状体、细丝、斑点、结构、凹点、射线、皱纹和条纹等特征的结构，虹膜具有随机的细节特征和纹理图像。人在出生半年至一年内虹膜发育完全，此后终生不变，而且不易因一般疾病的影响而改变。没有任何两个虹膜的形状是完全相同的，即使是同一个人，其左眼和右眼的虹膜形状也不相同，可以认为虹膜是众多生物特征识别技术中最安全的。

但是在采集人眼图像时，要求被检测者睁大眼睛，以便使虹膜充分暴露，容易让被检测者反感，特别是对于那些眼睛比较小的被检测者，满足上述条件更加困难。而且对虹膜图像的特征提取、表示和匹配都需要复杂的技术手段，需要人的高度配合，虹膜识别产业化的发展也因此受限。

2. 人脸识别

人脸识别可以说是人们日常生活中最常用的身份鉴别手段，也是当前热门的模式识别研究课题之一。通常使用的人脸图像是指在采集时图像背景、照明度、分辨率都不变的静态图像。因为人们对这种技术的接受度较高，所以从理论上讲，人脸识别可以成为一种最友好的生物特征识别技术。在过去几十年里，学术界对人脸识别已经做了大量的研究，并取得了显著的进展。

人脸自身及所处环境的复杂性，如表情、姿态、光照强度等条件的变化，以及人脸上的遮挡物（如眼镜、胡须）等，都会使人脸识别方法的鲁棒性受到很大的影响。因此，人脸识别技术仍然是 21 世纪富有挑战性的课题。

3. 人耳识别

每个人外耳的轮廓、内部的耳沟纹理都是不相同的。由于人耳独特的生理结构特征和生理位置，以及其不受外界环境（刺激）和内心活动对生物特征体影响的特点，使人耳识别有望成为一种与人脸识别、虹膜识别、指纹识别同等重要的生物特征识别手段，既可作为其他生物特征识别技术的有益补充，也可以单独应用于一些个体身份鉴别的场合。

与人脸非常类似，人耳是一种暴露在外且特征易于观测的人体器官。因此，人耳识别的部分方法是借鉴人脸识别的方法，但人脸和人耳的固有特征是不相同的，如人耳没有脸部的眼睛、鼻子、嘴等器官，这就要求改进人脸识别算法或提出新的更适合人耳识别的算法来迎合人耳独有的特征结构。

4. 指纹识别

指纹是人手指末端皮肤乳突线隆起形成的花纹，它由死亡的手指表皮的角质层细胞组成。指纹形成于胎儿期，形成后纹样终生不变。众多学者对指纹和指纹鉴定进行了很长时间的研究，现在已经基本掌握指纹的各项特性。指纹鉴定的使用已有近百年的历史，警务工作中最常用的鉴定技术即为指纹鉴定。由于指纹鉴定的长期使用及指纹鉴定的显著效果，它已经成为生物鉴定的代名词及事实上的标准。

指纹鉴定的一个不足之处是，由于先前长期应用于鉴定犯罪嫌疑人，有些人还难以接受指纹鉴定用于身份鉴别，这需要一定的时间以便大众更新观念。指纹鉴定的另一不足之处是，目前指纹鉴定计算量大，需要新的算法以降低复杂程度。

除了上述几种主流生物特征识别技术，还有视网膜、嘴唇形状、体味及 DNA 等其他几种生物特征识别技术也处于研究之中。另外，生物特征中用于识别的行为特征作为另一个发展方向也正在迅速发展，如走路步态、按键方式、签名笔迹、手势及语音等。

1.8 生物特征识别技术的前景

生物特征识别技术是近几年发展起来的一个非常热门和前沿的学科领域，该技术已经引起了国际学术界、企业界、政府及国防军事部门的高度重视，具有广阔的应用前景及巨大的社会效益和经济效益，在许多国家和地区得到了实际应用。具体来说，该领域的发展方向包括以下几个方面。

（1）单一生物特征识别的深入发展。随着高效的生物传感器及图像采集技术不断涌现，如基于电容、电场技术的晶体传感芯片，超声波、红外线扫描设备等，更多的生物信号将被采用作为生物特征，如静脉纹路、气味等，相应的生物特征识别技术也随之得以迅速发展。另外，随着算法及硬件的发展，生物特征识别性能也在不断提高。

（2）多模态生物特征识别的研究。常用的生物特征包括指纹、掌纹、虹膜、人脸、声音、签名笔迹等。从目前研究现状来看，单一生物特征受各种因素的限制，很难满足个人身份鉴别的需要，将多种生物特征结合增加匹配的特征量已成为生物特征识别领域中的一个研究热点。

（3）生物特征识别系统的产业化。基于生物特征的身份鉴别已经涉及公共安全、司法等诸多领域，在许多国家和地区得到了实际的应用。我国幅员辽阔，人口众多，是未来生物特征识别技术的应用大国。目前，我国的生物特征识别技术还处于发展阶段，技术标准尚未统一。生物特征识别系统的产业化为信息安全和身份鉴别提供了一个非常便捷可靠的解决途径，具有非常深远的社会意义和经济意义，对于国家安全和信息安全也有非常重要的战略意义。

本 章 小 结

本章主要介绍了传统的身份鉴别技术及其面临的挑战，重点介绍了生物特征识别技术的现状，以及常用的几种识别技术。

扩展阅读：

1. 中国电子技术标准化研究院，2019. 生物特征识别白皮书（2019 版）[R]. 北京：全国信息技术标准化技术委员会生物特征识别与技术委员会.

2. 苑玮琦，柯丽，白云，2009. 生物特征识别技术 [M]. 北京：科学出版社.

3. 田捷，杨鑫，2009. 生物特征识别理论与应用 [M]. 北京：清华大学出版社.

【知识扩展】人脸识别

课 后 习 题

一、简答题

1. 什么是生物特征识别？

2. 选择生物特征识别技术的原则有哪些？

3. 常用的生物特征识别技术有哪些？

二、填空题

1. _____、_____、_____等生物特征具有唯一性，终生不变，随身携带。

2. _____和_____是造成非生物特征身份鉴别方法安全性低的主要原因。

3. 生物特征包括_____和_____。

三、判断题

1. 生物特征识别在未来会有很大的市场。（　　　　）

2. 目前人类指纹不可伪造。（　　　　）

第2章 虹膜识别

　　随着计算机、光学传感器、模式识别技术的发展，虹膜识别通过自动获取和比对虹膜图像可识别和认证个人身份。其中，虹膜是位于眼球角膜和晶状体之间的圆环薄膜，在红外光下呈现出丰富的视觉特征，如斑点、条纹、细丝、冠状、隐窝等。虹膜识别的误识率最低，最有唯一性、稳定性、非接触性、防伪性和采集性等优点。虹膜图像的获取是虹膜识别中的首要难题，它直接制约着识别中特征提取与识别算法的准确性。目前新型成像技术的不断涌现，以及深度学习时代的到来，虹膜识别研究逐步从"高配合、严筛选"向"低配合、高通量"转变，虹膜识别的科学研究正朝着远距离、复杂场景、多模态、用户非受控、群体高通量识别的多维度方向发展。

 学习目标

> 了解虹膜识别的定义和发展；
> 掌握虹膜定位的方法；
> 掌握虹膜识别算法；
> 了解虹膜识别的应用领域。

 学习任务

知识要点	能力要求	学习课时
虹膜识别概述	（1）了解虹膜识别的定义 （2）了解虹膜识别的发展	4 课时
虹膜定位	（1）了解虹膜定位的概念 （2）掌握虹膜定位的步骤	
虹膜边界定位	（1）掌握基于投票机制的虹膜边界定位 （2）掌握基于微积分的虹膜边界定位	
虹膜特征提取及识别	掌握常用的虹膜识别算法	
虹膜识别的应用	了解虹膜识别的主要应用领域	

导入案例

2006 年 1 月 30 日，在美国新泽西州某校园里安装了虹膜识别装置以进行安全监控，学校的学生以及员工都不需要使用任何形式的卡片与证件，只要他们在虹膜摄像头前面经过，他们的位置和身份便被系统识别出来，所有外来的人员都必须进行虹膜资料的登录才能进入校园。同时，通过中央登录与权限控制系统对进入这个活动范围的人员进行监控。系统安装以后，校园内的各种违反校规及犯罪活动大大减少，极大地减轻了校园管理的难度。

2.1 虹膜识别概述

人眼的外观主要由巩膜、瞳孔、虹膜三部分组成。其中，巩膜即眼球外围的白色部分，约占整个眼睛的 30%；眼睛的中心部分为瞳孔，约占整个眼睛的 5%；虹膜是黑色瞳孔和白色巩膜之间的圆环状部分，约占整个眼睛的 65%。虹膜在红外光下可以看到丰富的纹理信息，如斑点、条纹、细丝、隐窝等细节特征，是人身体上唯一一个可以直接看到的内部器官。虹膜是人视觉系统中非常重要的部位，它对光线强弱变化反应敏感，会根据光线的变化控制瞳孔括约肌的收缩与伸展来调解瞳孔的通光率。由于它位于角膜后方，受到角膜保护，不易被一些物理接触影响而导致变化，也无法使用一些非正常手段进行模仿，防伪性非常高。若使用影像（非活体的虹膜）来进行检测是不能通过检测的，它与生俱来的防伪性质为身份鉴别的安全性提供了保障。

虹膜还具有唯一性和稳定性这两个特性。虹膜是一种环状组织，包含了非常丰富的纹理信息，如晶状体、色素斑、放射沟、条纹和皱纹等。这些纹理是随机分布的，纹理信息与生俱来，即使同卵双胞胎的纹理信息也都不一样，甚至每个人左右眼的纹理都是不同的，虹膜的纹理信息自从生长成熟以后，就不会再发生变化，因此具有唯一性及稳定性。

1. 虹膜识别发展现状

虹膜识别的发展历程可以追溯至 19 世纪 80 年代。1885 年，Alphonse Bertillon 把利用生物特征识别不同人的思路应用在巴黎的刑事监狱中，当时所用的生物特征包括耳朵的大小、脚的长度、虹膜等。最早的虹膜身份鉴别是通过虹膜的结构和颜色来区分同一监狱中的不同犯人，但是真正的自动虹膜识别系统在 20 世纪末才出现，随后的 20 多年，该项技术有了飞跃性的发展。

1987 年，眼科专家 Arin Safir 和 Leonard Flom 首次提出了利用虹膜图像进行自动身份鉴别的概念。1991 年，在美国洛斯阿拉莫斯国家实验室内，Johnson 实现了有文献记载的最早的虹膜识别应用系统[2]。1993 年，Daugman 率先研制出基于二维 Gabor 变换的虹膜识别算法，他利用 Gabor 滤波器对虹膜纹理进行简单的粗量化和编码，实现了一个高性能且实用的自动虹膜识别系统，使虹膜识别技术有了突破性进展[3]。1994 年，R. P. Wildes 研制出基于图像登记技术的虹膜认证系统。1997 年，Boles 提出了基于小波过零检测的虹膜识别算法，打破了虹膜识别过程中虹膜平移、旋转和比例缩放带来的局限，而且对亮度和噪声不敏感，取得了较好的结果[4]。2000年，Tisse等提出用瞬时相位技术提取虹膜特征的方法。2001年，Lim等用二维小波变换实现了对虹膜的编码，减少了特征维数，提高了分类识别效果[5]。中国科学院自动化研究所谭铁牛等于2000年开发出了基于多通道Gabor滤波器提取虹膜特征的虹膜识别算法。近几年，许多科研院所在该领域取得了可喜的研究成果，主要涉及虹膜图像的预处理、虹膜边界定位、特征提取和模式比对等各个方面。

2. 虹膜图像数据库

虹膜图像的采集比较困难，采集过程中受光照、视角、距离和焦距等影响，要想获得清晰的虹膜图像需要相关人员的配合。对于研究人员，可以直接采用公开的或共享的虹膜数据库进行理论算法研究。

(1) CASIA虹膜数据库。

中国科学院建立的CASIA虹膜数据库是可共享的虹膜数据库之一，包括108只眼睛的756幅图像，每幅图像都是像素大小为320×280的256级灰度图像，是开展虹膜识别算法研究的理想数据库。CASIA数据库由80个人的眼睛图像组成，拍摄这些图像的时间间隔是1个月。其中28人同时提供了左、右眼虹膜，52人提供了一只眼睛的虹膜，把左右眼作为不同的虹膜类，建立了包括108类虹膜的数据库，每类虹膜有7幅图像，共计756幅BMP格式图像。在数据库中，把每类虹膜的7幅图像分成了训练集和测试集两部分，训练集包括每类虹膜的3幅图像，共计324幅图像；测试集包括每类虹膜的4幅图像，共计432幅图像。该数据库中的图像较清晰、样本多样化、图像质量较高，结合于算法的研究，但图像中也存在光源、眼睑、睫毛等干扰。CASIA虹膜数据库中的虹膜图像，在亮度和对比度上是有变化的，图像上虹膜的位置是随机的，虹膜图像大小和清晰程度也不一样。无论数据库中的图像是理想的清晰图像还是对比度差的低质图像，都是验证算法正确性和检验算法鲁棒性的理想数据。该数据库是我国研究虹膜识别算法使用最多的数据库。

(2) NICE.1虹膜数据库。

NICE.1竞赛的测评数据包括多种尺寸的灰度和彩色虹膜图像，图像格式为JPEG和TIFF。这些图像包括了虹膜识别过程中可能遇到的各种噪声或干扰源，更加符合实际应用环境，对研究虹膜定位和分割来说是一个良好的数据库。

(3) TIANDI虹膜数据库。

TIANDI虹膜数据库中包括了1000人的左眼和右眼图像，每人左右眼各4幅图像，每幅图像是像素大小为640×480的256级灰度图像，图像格式为BMP。

TIANDI虹膜数据库中的图像包含：①不同光照情况下拍摄的人眼图像；②眼睛睁开大小程度不同的人眼图像；③佩戴眼镜的人眼图像；④佩戴普通隐形眼镜的人眼图像；⑤佩戴美瞳的人眼图像；⑥有环境光斑等干扰的人眼图像。该数据库中的人眼图像代表了应用中可能遇到的各种实际情况，可用于研究双目虹膜识别、不同配合程度下的虹膜识别、配戴眼镜情况下的虹膜识别、佩戴隐形眼镜及佩戴美瞳情况下的虹膜识别等。

小知识：在 2019 年召开的"智能虹膜图像识别与鉴定学术研讨会"上，北京市公安局警务保障部周千里表示，中科虹霸携手公安系统建立了违法犯罪人员虹膜图像信息统一数据库，用于建设虹膜识别云服务平台。

2.2 虹 膜 定 位

虹膜区域分割是虹膜识别中的关键环节，虹膜识别过程中首先必须将虹膜区域从人眼图像中分割出来。虹膜区域是瞳孔和巩膜之间的圆环区域，虹膜边界定位实际上就是要确定虹膜的内、外边界。虹膜区域分割精度会影响虹膜特征的标识精度，低准确率的边界定位会使拒识图像增多，影响用户对虹膜识别系统的认可程度。进一步的虹膜区域分割除了虹膜边界定位，还有眼睑检测、光斑和睫毛检测等。本章重点是对虹膜定位的主要技术及步骤进行介绍。

1. 空域滤波

采集的虹膜图像存在不同程度的干扰，在虹膜边界定位之前进行滤波处理有助于消除干扰对边界定位的影响。滤波可以在空域进行处理，也可以在频域进行处理。空域的滤波处理利用平滑模板对图像局部区域内相邻像素进行加权求和处理；频域的滤波处理利用图像整体的信号变化特性，滤掉高频部分获得低频成分。空域滤波可以采用均值模板、加权平均模板和高斯模板，这些模板具有共同的特征，即模板中元素的符号是相同的，在空域进行卷积运算实际上就是在每个局部区域进行加权求和。

均值模板是常用的平滑模板，模板元素值都取相同的系数。模板卷积的运算方法简单且直观，通过将图像上每一点和模板做卷积运算实现图像平滑。在空域中进行卷积时，计算量和模板的大小有关，模板尺寸即使增加一点，卷积的时间复杂度都会明显增加。如果计算机内存较小，那么选择模板卷积运算可以少占内存，但这时计算量很大，实时性要差一些。常见的几种 3×3 与 5×5 均值滤波模板如图 2-1 所示。

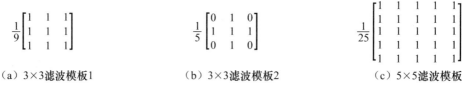

（a）3×3滤波模板1   （b）3×3滤波模板2   （c）5×5滤波模板

图 2-1 均值滤波模板

在均值滤波算法中，如果把中心点和其周围的灰度值同等看待，这种处理会把图像的灰度变化变得平缓，模板越大图像越模糊，虽然这样可以消除随机干扰，但是也会把图像变得模糊，不利于边缘提取。

为了在消除随机干扰的同时能够保持边缘信息，可以采用不同系数的加权模板进行滤波处理。在所有的加权滤波算法中，高斯模板是非常典型和重要的一种滤波模板，在滤波时，离中心元素越近的位置权值越大，越远的位置权值越小。采用高斯模板能够在过滤随机噪声的同时很好地保护目标轮廓信息，不至于造成边缘过于模糊。高斯滤波器参数可由高斯函数的方差来决定，方差值决定了钟形函数的陡峭程度，离散的高斯模板可由二维连续的高斯分布经过采样、量化和模板归一化得到。

虹膜边界的定位依赖于边缘细节信息，需要在滤波随机干扰的同时保留边缘细节信息，因此采用高斯滤波或其他加权滤波算法要比均值滤波算法效果好，高斯模板对人眼图像滤波后的图像模糊程度要比均值滤波后的图像模糊程度小。

如果图像中存在椒盐颗粒噪声，那么采用均值滤波、加权滤波等方法的滤波效果都不会很好，因为采用这些算法只会把椒盐颗粒的影响分散或平均分配到其周围的其他像素点上，造成更大的受影响区域。对于椒盐颗粒噪声，如果采用中值滤波，为了消除某种尺度范围的颗粒噪声，模板的尺寸应该大于噪声的颗粒尺寸，中值滤波的窗口尺寸一般选为奇数，滤波时移动窗口并对窗口内所有元素按大小进行排序，将排在中间位置的灰度值作为滤波后的结果，中值滤波对于明显的光斑或睫毛等具有很好的消除效果。

2. 低通滤波

在空域依靠平滑模板的卷积运算，或者中值滤波对图像进行的平滑处理中，如果模板尺寸较大，卷积运算的计算量大，实时性会变差。为了提高算法实时性，在内存较大的情况下可以通过频域运算来实现。频域滤波主要包括图像傅里叶变换、频率中心移动、滤波器系数和傅里叶变换结果的对应点相乘、频率中心平移和傅里叶逆变换。频域滤波将空域中模板卷积运算转化为与图像大小相等的两个矩阵对应点的乘法运算，占用内存空间大，但是计算量大大减少，整个运算过程是以空间换取时间。

由于频域滤波是进行矩阵元素的对应点乘法运算，滤波器大小和图像大小相同，这样在图像较大时滤波器占用内存也较大，因此频域滤波处理需要较大的内存空间。如果计算机内存较小时采用频域处理，那么计算机无法提供给滤波器足够的内存空间，反而会导致计算过程过于缓慢。频域滤波在图像较大时其计算量会明显小于空域的卷积运算。现在的计算机内存都很大，所以将空域运算转换到频域里处理速度会明显提高，特别是在空域中卷积模板较大时，算法实时性往往有显著差异。

在虹膜边界定位之前，许多的随机噪声会影响虹膜的边界定位，对虹膜图像滤波主要是为了消除这些高频的随机噪声。通过对整个人眼图像的滤波处理，使得整个图像中人眼虹膜的检测变得容易。

小知识：图像滤波即在尽量保留图像细节特征的条件下对目标图像的噪声进行抑制，是图像预处理中不可缺少的操作，其处理效果的好坏将直接影响后续图像处理和分析的有效性和可靠性。

3. 边缘提取

边缘是不同物体之间或同一物体不同区域之间的分界线。边缘对应于图像的灰度变化较大的区域，有高频随机信号所具有的特征。图像的低通滤波会模糊这些边缘，为了获得边缘位置，需要采用边缘检测方法增强图像边缘，以便将感兴趣区域分割出来。边缘检测可以用空域的锐化模板的卷积增强边缘，也可以通过频域的高通滤波增强边缘。

在空域里，边缘提取是图像的锐化处理，通过锐化模板和图像进行卷积以达到边缘提取的目的。和空域里的平滑模板不同，锐化模板中的元素存在正、负不同的情况，如

图 2-2 所示。计算过程表现为差分运算，类似于图的模板，它是将相邻像素点的灰度差异进一步增大。模板较大时，模板卷积运算计算量就会大，为了提高算法的实时性，可将图像变换到频域进行边缘提取。

$$\begin{bmatrix} -1 & -1 & -1 \\ -1 & 9 & -1 \\ -1 & -1 & -1 \end{bmatrix}$$
(a)

$$\begin{bmatrix} 1 & 0 & -1 \\ 2 & 0 & -2 \\ 1 & 0 & -1 \end{bmatrix}$$
(b)

$$\begin{bmatrix} 1 & 1 & 1 \\ 0 & 0 & 0 \\ -1 & -1 & -1 \end{bmatrix}$$
(c)

图 2-2　锐化模板

虹膜区域具有类似于圆环的几何形状，虹膜的内、外边界都可以近似看作圆，内外边界是由虹膜区域与周围区域的灰度差异形成的。图像中的边界可通过计算图像的导数来获得，用微分算子来计算，对于数字图像求导数实际上是用差分近似微分来实现的。梯度对应一阶导数，梯度算子是一阶导数算子。边缘检测算法对噪声很敏感，在提取边缘前需要进行滤波处理来减少噪声的影响。

由于虹膜内、外边界均可以看作圆，所以虹膜边界具有不同方向的梯度变化，为了有效检测虹膜边界，应采用多个具有方向性的梯度算子提取图像中不同方向的梯度变化，将各个方向的梯度信息加权来表示虹膜图像的边缘。图 2-3 给出了几种具有方向性的边缘提取算子，带 * 的为算子的中心元素。

$$[-1 \quad 0^* \quad 1]$$

$$\begin{bmatrix} -1 \\ 0^* \\ 1 \end{bmatrix}$$

$$\begin{bmatrix} -1 & 0 & 0 \\ 0 & 0^* & 0 \\ 0 & 0 & 1 \end{bmatrix}$$

$$\begin{bmatrix} 0 & 0 & -1 \\ 0 & 0^* & 0 \\ 1 & 0 & 0 \end{bmatrix}$$

（a）水平方向　　（b）垂直方向　　（c）135° 方向　　（d）45° 方向

图 2-3　具有方向性的边缘提取算子

设图像为 $I(x,y)$，那么图像的水平方向边缘为

$$h(x,y) = I(x+1,y) - I(x-1,y) \tag{2-1}$$

垂直方向边缘为

$$v(x,y) = I(x,y+1) - I(x,y-1) \tag{2-2}$$

135° 方向边缘为

$$d_1(x,y) = I(x+1,y+1) - I(x-1,y-1) \tag{2-3}$$

45° 方向边缘为

$$d_2(x,y) = I(x-1,y+1) - I(x+1,y-1) \tag{2-4}$$

将这四个方向的梯度加权获得整个图像的边缘梯度幅度图像，如图 2-4 所示。

$$G(x,y) = \sqrt{\alpha^2 X^2(x,y) + \beta^2 Y^2(x,y)} \tag{2-5}$$

其中

$$\begin{cases} X(x,y) = h(x,y) + \dfrac{d_1(x,y) + d_2(x,y)}{2} \\ Y(x,y) = v(x,y) + \dfrac{d_1(x,y) - d_2(x,y)}{2} \end{cases} \tag{2-6}$$

式中，α、β 为加权系数。当 $\alpha=1$，$\beta=0$ 时表示水平方向的梯度；当 $\alpha=0$，$\beta=1$ 时表示垂直方向的梯度；当 $\alpha=1$，$\beta=1$ 时就是拉普拉斯梯度。该梯度幅度具有各向同性的特点，对于检测具有不同方向的边界是有效的。

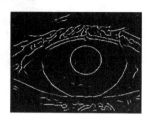

图 2-4   边缘梯度幅度图像

4. 二值边缘提取

在获得边缘梯度幅度后，如果想要得到二值化边缘点，那么就需要选择二值化阈值对梯度图像进行二值化，将大于阈值的点看作边缘点，小于阈值的点看作非边缘点，如式(2-7)，其中 T 为设定的二值化阈值。

$$B(x,y)=\begin{cases}1 & G(x,y)>T \\ 0 & G(x,y)\leqslant T\end{cases} \tag{2-7}$$

采用全局固定阈值的方法进行二值化时，图像如果存在不均匀光照的问题，那么得到的二值化图像处理将会不理想；采用局部自适应阈值进行二值化处理可以针对局部区域的灰度特征自动选择自适应阈值，获得较理想的图像边缘。例如，有些文献采用分块提取边缘的方法，认为光照和对比度在小块区域中是均匀的，将整个虹膜图像分割成小块进行处理，以此获得整幅图像理想的边缘信息。

无论是全局阈值二值化，还是局部阈值二值化，阈值的大小对所处理区域中的边缘提取效果都有很大影响。如果阈值取得太小，那么可能会把许多随机噪声误认为是图像的边缘点；如果阈值取得太大，那么又可能会把真实的边缘点漏掉。根据经验，当图像对比度差、边缘模糊时，二值化阈值应该选得小一些。

为了较好地解决虹膜边缘提取问题，人们常采用 Canny 边缘检测算法。该算法判断边缘点的基本思路是：采用两个二值化阈值在某个小范围内对待处理点是否属于边界点进行判断，如果该点的梯度大于设定的较大阈值，那么可认为该点为强边缘点；如果该点的梯度介于两个二值化阈值之间，而且该点的领域范围内存在强边缘点，那么可以将其看作弱边缘点；否则将该点看作干扰造成的边缘点。

Canny 二值边缘提取算法描述如下。

(1) 对于图像 $I(x,y)$，采用式(2-1)～式(2-5)计算边缘梯度 $G(x,y)$。

(2) 设 T_1 和 T_2 为两个二值化阈值，$T_1>T_2$，(x',y') 为点 (x,y) 的 δ 领域内的点，那么二值边界图像为

$$B(x,y)=\begin{cases}1 & G(x,y)>T_1 \text{ 或 } G(x,y)>T_2 \text{ 且 } \exists G(x',y')>T_1 \\ 0 & \text{其他}\end{cases} \tag{2-8}$$

将图 2-5 的低通滤波图像用 Canny 算法获得的二值化边缘图像如图 2-6 所示，可见边

缘检测效果良好。根据二值化处理的边界点信息，就可以进行虹膜边界的定位。Hough 变换算法和最小二乘法拟合正是利用这种二值化边缘点的坐标位置进行虹膜边界定位的。

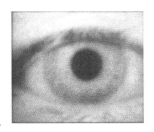

图 2-5　低通滤波图像

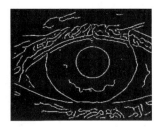

图 2-6　二值化边缘图像

在采集图像时难以将眼睛的位置完全固定，不可能使虹膜成像在相同的位置；而且通过虹膜采集仪拍摄到的图像比实际虹膜要大很多，这样图像中不仅包含虹膜区域，往往还有眼睛的其他部分，如眼睑、睫毛、巩膜等，在不同的照明条件下，图像的对比度会不同，瞳孔的大小也不一样。虹膜的定位就是要在这些不确定因素的情况下确定出虹膜边界。

虹膜的定位可以利用一些先验知识，如人眼图像的灰度特点，从瞳孔、虹膜到巩膜，图像灰度值呈阶梯上升变化，因此在区域过渡处具有一定的梯度变化，具有边缘特征。虹膜形状也很特殊，具有几何圆的形状，也是可利用的重要信息。虹膜与巩膜、瞳孔的边界均可以近似看作圆形，这样基于圆检测器进行圆的检测和基于圆方程进行边界拟合都可以实现虹膜边界定位。对于虹膜边界间断或不连续的情况，由于形状已知，一旦求出圆参数，就可以很容易描绘出整个虹膜边界。

虹膜边界定位主要分为两种：一种是将梯度图像进行二值化处理，对于二值化边缘点采用 Hough 变换算法或最小二乘法拟合等方法进行边界定位；另一种是直接对梯度图像采用微积分算法进行圆检测实现边界定位。微积分算法和 Hough 变换算法是虹膜边界定位中成熟的算法，定位精度高，诸多文献中介绍的方法都是由这两种算法演变而来的。但是，这些算法在定位过程中存在参数搜索范围大、计算量大、易受图像质量影响的问题，在实时性方面也需要改善，以满足识别的快速性要求。根据经验，采用粗定位和精定位结合可以提高定位速度，改善定位质量。

2.3　基于投票机制的虹膜边界定位

1. Hough 圆的检测

Hough 变换算法是标准的计算机视觉算法，可用来检测任意具有已知形状的目标。该算法利用图像全局特性直接检测目标轮廓，根据图像空间的点在参数空间里，计算符合对偶性参数点（也称参考点）的可能轨迹，并累加参数点的数量，求得边界参数，并根据参数方程将边缘像素连接起来组成封闭边界。因此，在预先知道目标形状的情况下，利用 Hough 变换算法可以很方便地通过寻找最佳的边界曲线，获得最接近目标的边界曲线，同时将不连续的目标边缘点连接起来，形成完整的目标轮廓。在 Wildes 系统中，提出了基于 Hough 变换的自动虹膜图像分割算法，在二值化边缘点基础上，采用边缘点对边界参数进行投票，将得票最多的参数作为虹膜边界的参数，即基于投票机制的虹膜边界定位。

（1）基于 Hough 变换检测圆的算法。

圆是一种典型且规则的几何形状，它具有较少的参数，能够通过有限的参数来描述。下面介绍圆的检测和定位方法，并在虹膜图像上实现虹膜边界的定位。

设经过边缘提取后图像上所有边界点为 (x_j, y_j)，$j=1, 2, \cdots, n$，已经进行了二值化处理，把取值为 1 的点看作边界点，取值为 0 的点看作非边界点。在直角坐标中，圆是用包含 3 个参数的方程来表示的，即圆心坐标和半径。因此对圆的检测实际上就成了对参数组（圆心坐标和半径）进行投票的过程。

定义一个三维数组为

$$H(x_c, y_c, r) = \sum_{j=1}^{n} h(x_j, y_j, x_c, y_c, r) \tag{2-9}$$

式中，$H(x_c, y_c, r)$ 为圆心坐标和半径构成的参数组 x_c、y_c、r 对应的累加器。其值用来累积该组参数的得票，票数是以该参数所画圆经过的边界点个数来表示的。

如果边缘点落在该参数对应的圆上，那么就相当于该边缘点给该参数组投了一票，对应的数组元素值增加 1，否则对应的数组元素值不变，是否投票由式（2-10）判断。

$$h(x_j, y_j, x_c, y_c, r) = \begin{cases} 1 & g(x_j, y_j, x_c, y_c, r)=0 \\ 0 & g(x_j, y_j, x_c, y_c, r)\neq 0 \end{cases} \tag{2-10}$$

式中，$g(x_j, y_j, x_c, y_c, r) = (x_j-x_c)^2 + (y_j-y_c)^2 - r^2$ 为满足参数 (x_c, y_c, r) 的圆方程的判决函数。

对于每个边缘点 (x_j, y_j)，如果 $g(x_j, y_j, x_c, y_c, r) = 0$，说明由参数 (x_c, y_c, r) 确定的圆心为 (x_c, y_c)，半径为 r 的边界圆周通过了边缘点 (x_j, y_j)，这样对应的 $h(x_j, y_j, x_c, y_c, r)=1$，表示该点 (x_j, y_j) 会投参数 (x_c, y_c, r) 一票，经过式（2-9）统计所有票数，就可以通过得票最多的参数组确定边界的圆方程。

H 有 3 个参数 (x_c, y_c, r)，所以对应于参数的 H 实际上是一个三维的累加器数组，该方法通过每个边缘点对参数投票，再根据投票决策的方法确定最佳参数。H 数组是以参数组为下标的，所以根据 H 数组中的最大值对应的下标，可以确定边界的圆心坐标和半径，即

$$H(x_0, y_0, R) = \max[\bigcup H(x_c, y_c, r)] \tag{2-11}$$

式中，圆的中心坐标为 (x_0, y_0)，半径为 R。H 中最大值表示该组参数得票最多，以该参数绘制的圆经过的边缘点最多。

根据边缘检测算法和 Hough 投票算法来寻找人眼图像中圆的位置就可以实现虹膜的内、外边界定位。图 2-7 为定位边界的二值图像和内外边界定位结果，可见与虹膜的内外边界相吻合。

（2）算法性能及复杂性分析。

Hough 变换算法需要先知道边界点所形成的轮廓曲线模型，该算法就会依据这样的模型对边缘点进行判别，实现图像中目标轮廓的有效定位。

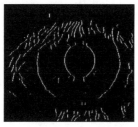 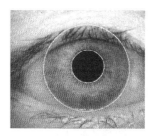

（a）定位边界的二值图像　　　　（b）内外边界定位结果

图 2-7　定位边界的二值图像和内外边界定位结果

Hough 变换算法的优点是适合于检测已知形状和已知个数的目标（需要有一定的先验知识）。只要图像边缘足够清晰，能够获得二值化边缘点的坐标，Hough 变换算法就能够有效定位目标边界，且有很高的定位精度。同时，由于该方法采用投票机制——少数服从多数的原则，算法检测结果不易受噪声和曲线间断的影响，对图像中存在的局部干扰不敏感，即使在噪声较大的图像上仍然可以对目标进行检测和定位，因此 Hough 变换算法也常用于目标边界连接的应用场合。

在定位过程中，数组的下标代表被投票的参数组，那么参数组的维数直接影响辅助空间的大小，如果参数组维数太高必然会导致实时性能变差。Hough 变换算法的缺点是在没有先验知识的情况下，参数组的维数可能很大，需要统计图像上所有边缘点的投票结果，这样计算量很大，直接影响算法的实时性。

既然 Hough 变换算法需要先验知识，那么虹膜采集过程就更需要人的合作，在人合作的情况下，虹膜的位置和采集距离使得虹膜边界的变化范围减小。因为人眼虹膜的实际尺寸约 11mm，在合作的情况下，采集距离基本固定，这样采集到的虹膜区域大小也有一个范围，完全能从中找到一些先验知识。虹膜图像的大小、位置和虹膜边界的半径都被限定在一个范围之内，为进一步改善图像中虹膜边界定位速度和性能奠定了基础。

2. 感兴趣区域选择

不利用先验知识，就会存在边界定位盲目、参数投票计算量大的问题，针对这些问题，一些文献给出了 Hough 变换在不同领域的快速算法。分析这些文献可以发现，提高虹膜边界定位速度的方法主要集中在两个方面：①减少边界点个数；②减少累加器维数。

研究人眼灰度图像的特点会发现，在人眼图像中瞳孔的灰度值较低，而且这些低灰度值的点比较集中，而虹膜区域也就是围绕瞳孔的圆环区域，这些重要的信息完全能够给虹膜的边界定位提供指导。具体思路为：在估计瞳孔中心位置的基础上，利用先验知识减少图像边缘点数目及累加器维数，进而实现快速虹膜边界定位。

（1）投影估计瞳孔中心。

虹膜的内边界就是瞳孔的外边界，如图 2-8 眼睛外观图所示。由于瞳孔本身具有的低灰度特性，其灰度值一般小于其周围区域像素的灰度值，而且在整个人眼图像中其灰度值也明显较小，许多文献都提出了利用这一特性的有效方法，如采用二值化阈值分离出瞳孔区域，然后采用投影法粗定位瞳孔中心位置。

若低于某个阈值的像素个数小于 100，可认为不存在"有用的瞳孔"。利用瞳孔与周围灰度值的显著区别，通过选定阈值对图像进行二值化处理。一般情况下，在得到的二值化图像中，除了瞳孔还有一些灰度值小于阈值的散点，如睫毛等（图 2-9）。

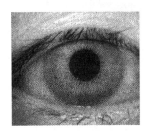

图 2-8 眼睛外观图

图 2-9 二值化的人眼图像

通过垂直投影和水平投影粗定位瞳孔中心位置，具体算法描述如下。

① 采用式（2-12）对图像 $I(x,y)$ 进行二值化处理，α 为二值化阈值，得到的二值化图像为 $B(x,y)$。

$$\begin{cases} B(x,y)=1 & I(x,y)<\alpha \\ B(x,y)=0 & I(x,y)\geqslant\alpha \end{cases} \tag{2-12}$$

② 采用投影法进行定位，通过垂直投影和水平投影，分别对行、列求和，取和最大的行列值作为瞳孔的估计位置，瞳孔中心坐标估计为

$$\begin{cases} \widehat{x_0}=x_0 & \sum\limits_{y=1}^{n}B(x_0,y)=\max\left[\bigcup\limits_{x=1}^{m}\sum\limits_{y=1}^{n}B(x,y)\right] \\ \widehat{y_0}=y_0 & \sum\limits_{x=1}^{m}B(x,y_0)=\max\left[\bigcup\limits_{y=1}^{n}\sum\limits_{x=1}^{m}B(x,y)\right] \end{cases} \tag{2-13}$$

（2）窗口估计瞳孔中心。

在对比度差的情况下，将梯度进行二值化的阈值较难选择，且采用投影法粗定位瞳孔中心容易受到浓黑睫毛及图像较暗等的影响，为此介绍另外一种基于灰度的窗口粗定位瞳孔中心的方法。

假设 window(x, y, size) 是位置为 (x, y)、边长大小为 size 个像素、元素全部为 1 的方阵，则瞳孔中心位置的估计为

$$(x_p^*,y_p^*)=(x,y)\,|\,\min_{x,y}\left[\bigcup\text{window}(x,y,\text{size})\cdot I(x,y)\right] \tag{2-14}$$

这样利用瞳孔灰度值低的特点，采用一个全 1 模板和图像卷积，将卷积最小的位置作为瞳孔中心的估计位置。窗口的大小可以根据经验选择，一般虹膜识别系统实际应用时选择瞳孔半径的平均值，如 size=45。

图 2-10 所示为窗口估计瞳孔中心位置的示意图。由图 2-10 可见，在位置 2 处窗口包括的瞳孔区域点最多，图像区域和设定窗口的卷积最小，而在其他位置时灰度值都较大，则可以把位置 2 对应的窗口中心作为估计的瞳孔中心。

需要说明的一点是，在虹膜识别时往往需要配备光源，光源可能会在人眼图像中产生像素点。特别是在瞳孔区域，这些像素点灰度值较高，要比瞳孔本身的灰度值高许多。如

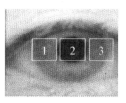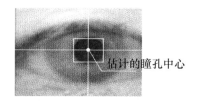

（a）不同位置检测　　　　（b）估计瞳孔中心

图 2-10　窗口估计瞳孔中心位置的示意图

果对这部分点不加以处理，可能会造成瞳孔位置估计偏差太大。因此卷积中利用亮点灰度值较大且瞳孔灰度值较低的特点，对图像中灰度值较大的像素点进行处理，将其灰度值设置为瞳孔灰度值的最大值，这样定位结果就不会受到局部亮点的影响。

（3）定位虹膜内、外边界的图像。

虹膜内、外边界都会产生边缘点，如果对虹膜的内、外边界定位，那么外边界点参与投票是没有必要的。利用先验知识，在瞳孔位置估计的基础上，减少非真正内、外边界点的个数和参数搜索范围，有助于提高虹膜的定位精度和定位速度。

虹膜图像是采用专门的设备经被鉴别者同意获取的，且虹膜图像是在一定距离范围内采集的，这样采集到的虹膜大小必然在一定的范围内，在此基础上确定较小的参数组，能够提高投票速度，而且定位不容易出错。

通过窗口估计瞳孔中心位置后，则用于定位虹膜内边界的范围大大减小，而且不考虑的区域又是虹膜内边界定位不需要的，因此可以提高定位速度和成功率。

（4）定位虹膜外边界的图像。

虹膜区域的外边界范围在虹膜内边界精确定位的基础上确定，此外内边界参数已经对瞳孔的中心位置和瞳孔的半径进行了精确统计。利用虹膜内、外边界近似为同心圆的特点，选择一定大小的感兴趣区域图像用于外边界定位，可以实现外边界的快速定位。此外，在虹膜边缘图像中包括一些非真实的外边界点，同样可以利用先验知识进一步截取用于虹膜外边界定位的图像块。

设瞳孔的半径为r_p，瞳孔中心的位置为$(x_p，y_p)$，利用先验知识去掉大量噪声点获得较小的待处理图像块，并缩小虹膜外边界半径的搜索范围。

由于虹膜区域中位于瞳孔的上下部分容易被眼睑遮挡，这部分区域很可能形成眼睑边缘，对虹膜外边界的定位造成一定影响；而位于瞳孔两边的虹膜区域一般不易被遮挡，因此在定位虹膜区域外边界时，可以根据瞳孔中心的位置，将可能是眼睑部分的图像去掉，利用瞳孔两边的虹膜边缘信息定位虹膜外边界。

如果已知虹膜的外边界半径范围为$[r_{i\_min}，r_{i\_max}]$，则对于远离瞳孔中心的边界点也不做考虑，这样可以将二值化边缘图像水平方向距离瞳孔中心大于r_{i_max}的无效边界点去掉。同理去掉包括瞳孔边界在内的边界点，即从二值化边缘图像中去掉水平方向距离瞳孔中心小于r_{p_min}的部分。经过上述处理，缩小了待处理图像并减少了边缘点个数，有利于虹膜外边界的定位且减少计算量。

从上述处理过程可以看出，在瞳孔中心指导下，通过先验知识减小了用于内、外边界定位的图像，缩小了边界参数的搜索范围，去除了大量无用的边界点，有利于虹膜边界定位速度的提高。

2.4 基于微积分的虹膜边界定位

1. 微积分检测圆

采用基于梯度积分的方法来定位虹膜边界的圆检测器，通过沿径向方向求梯度并沿圆周积分，将积分最大值对应的圆作为虹膜的边界，将该圆的参数作为虹膜边界参数。如果对成像位置不加限制，那么该算法在应用中的实时性无法保证，好在虹膜识别是通过合作的方式进行识别的，可以将成像位置限定在某个范围之内。

人眼图像中，巩膜、虹膜、瞳孔沿径向方向存在明显的灰度变化，利用这个特点采用微积分算法定位虹膜边界的原理是：当沿径向方向增大半径时，在边界处存在梯度变化，沿圆周对梯度做积分，最大值处的圆参数即虹膜边界的参数。由于中心位置未知，实际搜索的参数范围较大，因此，该算法对成像位置要求较高，需要虹膜尽量成像在相同的位置。

对于人眼图像，如果将成像的中心位置固定，则通过该算法在中心点 (x_0, y_0) 处沿径向对沿圆周的梯度积分求导，可以快速实现虹膜的边界定位。式（2-15）为该算法的过程描述，梯度积分最大处对应的位置 (x_0, y_0, r) 即为所求边界。

$$\max_{(r, x_0, y_0)} \left| G_\sigma(r) * \frac{\mathrm{d}}{\mathrm{d}r} \oint_{r, x_0, y_0} \frac{I(x, y)}{2\pi r} \mathrm{d}s \right| \tag{2-15}$$

式中，$*$ 为卷积符号，$G_\sigma(r)$ 为高斯型光滑函数，$I(x, y)$ 为人眼图像，r 为搜索圆的半径，s 为由 (r, x_0, y_0) 确定的圆。

由圆心和不同半径圆周像素值变化确定圆，用式（2-15）在参数空间 (r, x_0, y_0) 搜索灰度变化最大值的过程就是定位虹膜内、外边界的过程。

在定位过程中，积分和微分交换，就可以将虹膜边界的定位变为：边缘提取，计算不同参数对应的圆周边缘幅值均值，最大值对应的参数就是所求的边界参数。

由于虹膜的外边界一般都会受到上下眼睑的遮挡，所以该算法将梯度积分区间设置在左右边界的弧形区域。为了获得精确定位，改变圆心坐标 (x_0, y_0)，不断减小高斯函数的方差，反复使用该操作，进行最佳参数搜索。采用类似的方式还可以进行上、下眼睑的定位，只不过积分路径变为上、下圆弧。

对于边界模糊和对比度低的虹膜图像边缘定位，微积分算法能够有效定位且具有很高的定位精度。由于它利用图像的梯度幅度信息，而不需要对边缘图像进行二值化处理，因此不会面临二值化阈值的选择问题，且能够解决模糊边界定位问题。

微积分算法也有缺点，该算法对成像位置要求高、计算量大，由于采用梯度幅值信息计算极值点，易被光斑、睫毛等局部梯度极值影响，对于非边界处出现较大梯度值的情况，定位准确率低。

2. 局部极值的剔除

为了获得比较理想的虹膜图像，常常采用辅助光源改善虹膜图像的对比度。但是光源在眼中容易产生像素点形成光斑，使得图像中虹膜区域信息被破坏，造成局部光斑的影响必须考虑。计算图像梯度时，在光斑处产生很大的梯度值，远大于真正虹膜边界处的梯度，如图 2-11 所示。局部梯度极值点可能比多个虹膜边界点处的梯度值都大，使得真实边缘梯度信息微不足道。此外局部极值点也会影响边界的位置，使得边界不能被真实定位，这是微积分算法受到局部干扰影响的真正原因。因此，在使用微积分算法时必须消除光斑形成的梯度极值。

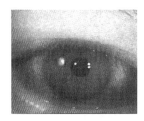 

（a）人眼图像　　　　　（b）边缘梯度图像

图 2-11　人眼图像及其边缘梯度图像

由图 2-11 可见，人眼图像中光斑灰度值较大，且梯度图像中梯度也较大，因此，利用光斑的这一特点，可以消除局部光斑的影响。

假设系统采集的人眼图像为 $\text{Eye}(x, y)$，得到的梯度图像为 $G(x, y)$，采用式（2-16）消除光斑，得到新的梯度图像 $\text{Grad}(x, y)$。

$$\text{Grad}(x,y)=\begin{cases} G(x,y) & G(x,y)<T_1 \\ 0 & G(x,y)\geqslant T_1 \text{且 Eye}(x,y)>T_2 \end{cases} \tag{2-16}$$

式中，T_1 为设定的梯度阈值，一般取值为 $0.25\sim0.4$；T_2 为亮度阈值。上述操作可得到消除光斑影响的梯度图像。图 2-11（a）经过光斑梯度消除后对应的梯度图像如图 2-12 所示。

图 2-12　人眼图像经过光斑梯度消除后对应的梯度图像

2.5　虹膜特征提取

虹膜特征提取是指通过一定的算法从分离出的虹膜区域中提取出描述虹膜的特征信息，并对其进行编码，形成特征模板。虹膜识别是基于虹膜的纹理特征，采用有效的特征提取算法将虹膜的纹理变化转化为可以进行比较的数学描述，然后通过模式匹配算法进行相似度计算，最后根据相似度大小进行身份鉴别。

1. 虹膜特征提取方法

曾经有研究者采用虹膜颜色区别人的身份，但其研究发现：虹膜颜色与人种有关，具有可遗传性，仅依靠颜色并不能保证从数据库中准确地识别出人的身份。随后，Daugman提出了基于虹膜纹理描述的虹膜识别方法使得虹膜识别进入一个实用阶段。Daugman提出的 2D Gabor 滤波方法，提取纹理相位信息作为虹膜特征代码，并通过计算汉明距离（Hamming Distance）比对虹膜的差别[6]。基于纹理特征识别的思路，出现了许多类似的方法。Wildes 等用拉普拉斯金字塔方法获得了虹膜图像在 4 个不同分辨率情况下的纹理图像，然后根据相关性判断注册图像和输入图像是否相关。Lim 提出了将 Haar 小波作为母小波，从规范化后的区域经过多次滤波分解，获得较小的子图像，对每一位进行二值编码，并结合 3 个分辨率的高频分解图像均值，获得描述虹膜模式的向量，设计了一种竞争学习神经网络分类器进行模式分类。Boles 将虹膜看作一系列同心圆周的一维信号，利用小波零交叉编码表示虹膜的纹理，记录过零点的位置及相邻两个过零点之间小波变换结果的积分，建立虹膜图像样本，该方法中零交叉点对应于虹膜区域的显著特征点，虹膜的比对通过两个相似度函数实现[7]。Noh 等提出了独立成分分析（Independent Component Analysis，ICA）方法，通过提取几个尺度上的系数建立二值虹膜特征模板，用汉明距离计算比对虹膜的差别[8]。Du 提出不变一维局部纹理模式的特征提取方法，将一系列不同圆周上像素点的灰度均值提取出来作为特征，最终形成按半径大小排列的一维特征；在匹配阶段，采用 Du 测量方法计算不同模式之间的相似度，然后对其进行分类[9]。由于这种方法将同一圆周上点的灰度均值变为一维信号，因此在匹配时无须考虑平移、旋转等的影响，计算效率高；但该方法提取的是全局特征，如一个圆周上的像素点位置交换后本应属于不同的虹膜，该算法并不关心这一变化，实际上这种方法的分类能力很低，只能给出相近的匹配，不能给出具体的识别结果，只可作为预识别方法，必须结合其他方法进行精确识别。中国科学院自动化研究所谭铁牛等提出的多通道滤波方法，取滤波均值和方差作为特征，然后根据距离分类器比对模式匹配度进行模式分类。

主流的虹膜特征提取和识别方法可分为八大类。

（1）基于图像的方法。将虹膜图像看成是二维的数量场，像素灰度值就构成联合分布，图像矩阵之间的相关性即相似度。

（2）基于相位的方法。图像中的重要细节，如点、线和边缘等特征的位置信息大多包含在相对位置关系中，不考虑与光照强度和对比度相关的幅值大小，而用鲁棒性更好的二值代码表示相位信息。

（3）基于奇异点的方法。虹膜图像中的奇异点分两种——过零点和极值点，利用这些奇异点进行虹膜识别。

（4）基于多通道纹理滤波统计特征的方法。将虹膜图像看成二维纹理，在频域中的不同尺度和方向上会有区分性强的统计特征可供识别，这也是纹理分析中常用的方法。

（5）基于频域分解系数的方法。将图像看作由很多不同频率和方向的基组成，通过分析图像在每个基投影值的大小分布可以深入认识图像中具有的规律性信息。

（6）基于虹膜信号形状特征的方法。虹膜信号形状特征包括两方面的信息：一是虹膜曲面凹凸起伏的二维形状信息；二是沿着虹膜圆周的一维形状信息。

（7）基于方向特征的方法。方向或朝向是一个相对值，对光照及对比度变化的鲁棒性较强，而且可以描述局部灰度特征，是一种比较适合虹膜图像特征表达的方法。

（8）基于子空间的方法。子空间的方法需要在较大规模的训练数据集上，根据定义的最优准则找到若干个最优集，然后将原始图像在最优集上的投影系数作为降维的图像特征。

特征提取算法的选择及虹膜纹理特征的表示方式，与虹膜本身的纹理特征和规范化区域的大小都有关系，同时还要考虑在实际应用中的匹配度计算方法。基于局部方向特征和相位特征的编码容易与原人眼图像对应起来，易实现虹膜比对，且对纹理的光照不敏感。基于二值相位编码的方式基本成为虹膜识别的一个通用框架，只需采用某种数学变换，即可将虹膜的纹理特征转化为相位特征序列，不同算法识别正确率的差别是不大的，且匹配度也容易计算。

2．虹膜特征表示框架

虹膜特征分为全局特征和局部特征。全局特征是提取宏观特征，不能反映虹膜纹理具体的细节差异；局部特征是提取能够消除整体光照不均匀影响的纹理变化信息。基于局部特征的虹膜识别效果优于基于全局特征的虹膜识别，因此虹膜特征的提取方法更倾向于局部特征的提取。

在局部特征的表示上，存在两种形式：一种是基于灰度幅值的表示；另一种是基于纹理变化的相位表示。在灰度幅值表示的算法中，特征用实数表示，主要通过图像的相关性进行模式相似度计算。该算法的缺点是容易受到光照强度等因素的影响。基于纹理变化的相位表示仅考虑纹理变化特征及纹理宽度，用"0"和"1"表示特征，对光照影响具有较强的鲁棒性，受到普遍认可。许多文献表明纹理变化的相位信息在标识虹膜特征时具有优势，目前许多算法都是属于这一种形式，且基于局部顺序测量的相位编码方法基本成为公认的虹膜识别框架。

模板匹配法是统计模式识别中最原始、最基本的方法。每个已知身份模板与待识别模板匹配的优劣，取决于模板上各相应单元匹配与否，若模板与待识别模板上的绝大多数单元均匹配，则说明二者相似度大；反之则相似度小。最后根据设定的分类阈值进行分类。

在计算二值特征的匹配时，汉明距离根据二值模板中匹配点占整个模板的比例大小来度量其相似程度，特征转化为二值代码。实际上是用两个模板十对应位编码不同的个数占总模板位数的比例作为模板之间的距离，距离越小表明两个模板匹配程度越高。

2.6　虹膜识别算法

小知识：在图像处理领域，以 Dennis Gabor 命名的 Gabor 滤波器，是一种用于纹理分析的线性滤波器，其主要分析的是图像在某一特定区域的特定方向上是否有特定的频率内容。当代许多视觉科学家认为，Gabor 滤波器的频率和方向的表达与人类的视觉系统很相似，尽管并没有实验性证据和函数原理能证明这一观点。

1. 二维 Gabor 相位特征识别算法

在图像空间，二维 Gabor 滤波器的形式为

$$G(x,y) = e^{-\pi[(x-x_0)^2/a^2 + (y-y_0)^2/\beta^2]} \cdot e^{-2\pi i[u_0(x-x_0)+v_0(y-y_0)]} \tag{2-17}$$

式中，x_0、y_0 表示滤波器在图像中的位置；a、β 表示指定的有效宽度和长度；u_0、v_0 表示频率调制。

Gabor 滤波器能够提取信号的空间和频率的局部信息，它可以看成是由高斯调制正弦和余弦构建而成的，虽然在频率上有一些损失，但是具有高斯包络的正弦调制可以定位局部位置，用来提取局部特征，John Daugman 就是利用二维 Gabor 滤波器的这种特点提取虹膜纹理特征。将式(2-17) 做变换，表示如下。

$$G(x,y) = e^{-\pi[(x-x_0)^2/a^2 + (y-y_0)^2/\beta^2]} \cdot e^{-2\pi i[u_0(x-x_0)+v_0(y-y_0)]}$$

$$= e^{-\pi\left[\frac{(x-x_0)^2}{a^2} + \frac{(y-y_0)^2}{\beta^2}\right]} \cdot \cos[2\pi u_0(x-x_0)+v_0(y-y_0)] +$$

$$i \sin(2\pi u_0(x-x_0)+v_0(y-y_0)) = G_R(x,y) + i G_1(x,y) \tag{2-18}$$

可见其实部为偶函数，虚部为奇函数。

Daugman 描述的虹膜识别算法中，对规范化后的虹膜区域采用 Gabor 滤波器提取虹膜特征，提取的特征不是滤波结果的幅值信息，而是用滤波结果进行符号编码，表示如下。

$$h_{\{Re,Im\}} = \text{sgn}_{\{Re,Im\}} \int_\rho \int_\varnothing I(\rho,\varnothing) \cdot e^{-i\omega(\theta_0-\varnothing)} e^{-(r_0-\rho)^2} e^{-(\theta_0-\varnothing)^2/\beta^2} \rho d\rho d\varnothing \tag{2-19}$$

式中，$I(\rho,\varnothing)$ 为图像的极坐标形式；$r_0 = \sqrt{x_0^2 + y_0^2}$；$h_{\{Re,Im\}}$ 为特征编码。

在 Daugman 的算法中，虹膜代码的数据量偏小，如果用 3 或 4 个字节的数据来代表每平方毫米的虹膜信息，那么在直径 11mm 的虹膜上量化特征点约有 266 个，独立特征点约有 173 个，这远高于其他生物特征识别技术（其他生物识别技术有 13～60 个独立特征点）。也正因为虹膜独立特征点有上百个，使得任意两个虹膜完全相似的概率极小，通过虹膜特征验证个人身份才更可靠。

2. 多通道 Gabor 统计特征识别算法

Gabor 滤波器具有圆形对称结构，其频域和空域形状一样，可以分析局部方向信息，也可以分析不同尺度的信息，适用于分析纹理的空间分布情况。Gabor 滤波器的核心是高斯包络和空间波的乘积，Gabor 滤波器是小波基的一种，这里从尺度和方向给出它的公式。

$$G_{\vec{k}}(\vec{x}) = \frac{\|\vec{k}\|}{\sigma^2} e^{-\frac{\|\vec{k}\|^2 \cdot \|\vec{x}\|^2}{2\sigma^2}} \cdot (e^{i\vec{k} \cdot \vec{x}} - e^{-\frac{\sigma^2}{2}}) \tag{2-20}$$

式中，$\vec{x} = (x,y)$ 为图像上的点坐标；$\vec{k}$ 为滤波器频率向量，决定 Gabor 函数的尺度和方位，定义为

$$\vec{k} = k_s e^{i\phi_d} \tag{2-21}$$

式中，$k_s = \frac{k_{\max}}{f^s}$，$k_{\max} = \frac{\pi}{2}$，$f = 2$，$s = 0,1,2,3,4$，$\phi_d = \frac{\pi d}{8}$，$d = 0,1,2,3,4,5,6,7$。

给定一幅图像 $I(\vec{x})$，在细节位置 $\vec{x}_0$ 上，其 Gabor 滤波表示如下。

$$(G_{\vec{k}} * I)(\vec{x}_0) = \int G_{\vec{k}}(\vec{x}_0 - \vec{x}) I(\vec{x}) \, \mathrm{d}^2 \vec{x} \qquad (2\text{-}22)$$

通过傅里叶变换的性质：时（空）域卷积＝频域乘积，只要事先将图像变换到频域，相乘后再反变换回空域即可。快速傅里叶变换和快速傅里叶逆变换，使得信号在频域和空域中可以相互转换。卷积得到的结果是复数形式，其实部滤波器和虚部滤波器可以写成

$$G_R(x,y,k_s,\phi,\sigma) = \frac{k_s}{\sigma^2} \mathrm{e}^{-\frac{k_s^2 \cdot (x^2 + y^2)}{2\sigma^2}} \cdot \left\{ \cos\left[k_s(x\cos\phi - y\sin\phi)\right] - \mathrm{e}^{-\frac{\sigma^2}{2}} \right\} \qquad (2\text{-}23)$$

$$G_1(x,y,k,\phi,\sigma) = \frac{k_s}{\sigma^2} \mathrm{e}^{-\frac{k_s^2 \cdot (x^2 + y^2)}{2\sigma^2}} \cdot \sin\left[k_s(x\sin\phi + y\cos\phi)\right] \qquad (2\text{-}24)$$

由于滤波过程相当于相关性计算，因此可以通过 Cabor 滤波器提取不同尺度和方向上的纹理特征。获取的纹理特征更全面，表示成二值相位序列，就构成了多尺度、多方向的虹膜特征模板。匹配时依然根据模板匹配进行相似度计算。但是，采用多滤波器会增加计算量，而且模板规模增大使得匹配工作量也增大。

如果针对虹膜在角度方向和径向方向的纹理细节，采用多通道 Gabor 滤波器在多个方向和尺度上对虹膜纹理进行滤波，将滤波结果的均值和方差作为特征，那么将形成另外一种虹膜特征。例如，采用 24 个通道滤波器，提取每个通道滤波结果的均值和方差作为特征，则共可以抽取到标识虹膜的 48 个特征数据。

特征匹配时通过加权欧氏距离进行相似度计算，用 $\mathrm{WED}(k)$ 表示与第 k 类虹膜比对时的加权欧氏距离，计算公式为

$$\mathrm{WED}(k) = \sum_{i=1}^{N} \frac{(f_i - f_i^k)^2}{(\delta_i^{(k)})^2} \qquad (2\text{-}25)$$

式中，f_i 表示未知样本的第 i 个特征；f_i^k 和 $\delta_i^{(k)}$ 分别表示第 k 类虹膜的第 i 个特征的均值和方差；N 表示特征总数。

2.7　虹膜识别存在的问题及未来发展方向

虹膜识别有待解决的硬件问题主要是高性能虹膜图像采集设备，特别是远距离虹膜图像采集设备。目前的采集设备一般都是近距离采集设备，同时还需要被采集者配合。研究被采集者不配合情况下的远距离采集设备，对于公安侦查、逃犯追捕、过关检查等更具有应用价值。

在软件方面，需要解决虹膜图像的评价问题，以及如何评价一幅图像中的虹膜是否已经精确定位。这关系到虹膜识别系统进行自动身份鉴别的性能，因此对虹膜定位是否准确，需要给出一个评价准则。在交互式识别系统中，应该能根据虹膜结果做出评价，提示待识别者调整位置并给出有效识别。

针对有待解决的问题，虹膜识别系统今后的发展方向可以考虑以下几个方面，如表 2-1 所示。

表 2-1　虹膜识别系统的发展方向

项目	发展方向
虹膜图像采集设备	开发远距离采集设备
虹膜图像评价	研究完善的评价方法
虹膜特征选择	选择虹膜稳定特征模板
虹膜识别精度	增加识别系统的复杂性

（1）虹膜图像采集设备。低价格、高性能的图像采集设备研制为虹膜识别的广泛应用创造条件，为网络安全、通信安全等方面提供较大的应用空间。

（2）虹膜图像评价。如何评价一幅虹膜图像的质量是虹膜自动身份鉴别系统研究的重要一步。目前的虹膜定位还难以实现任意虹膜的正确定位，研究虹膜图像质量的评价和定位好坏的评价问题，有助于实现自动身份鉴别。

（3）虹膜特征选择。由于虹膜图像采集过程中存在采集距离、光照、干扰等不确定因素，使得在虹膜的特征注册过程中存在不可靠特征，关于如何选择特征的问题也是该领域的一个研究内容。由于采用的特征提取方法不同，因此在选择特征的问题上也会存在差异性，但无论如何，虹膜的识别和注册都应选择那些好的、稳定的特征模板。

（4）虹膜识别精度。目前虹膜识别精度虽然很高，但需要待识别人的配合，而虹膜不完整和待识别人不合作等情况较常见。针对这种情况下的虹膜识别进行研究，对虹膜识别系统的应用具有更为重要的意义。结合其他生物特征识别方法，虽然有助于提高身份鉴别的准确性，但增加了识别系统的复杂性，尤其给使用者带来了麻烦。要想降低误识率，从序列图像中选择一幅或多幅图像进行识别，同样能够提高身份鉴别的准确率。因此基于序列图像的虹膜识别研究也是该领域的一个发展方向。

2.8　虹膜识别的应用

虹膜识别系统已经在国内外许多领域发挥着越来越重要的作用，下面举几个例子说明。

1. 门禁考勤（工矿、企事业单位等）

虹膜识别技术最基础的应用就是考勤与门禁。扫描虹膜就能实现通道控制、开/锁门和考勤管理。虹膜考勤识别迅速，无须接触，不能被假冒者和替代者打卡，大大提高了考勤的准确性和效率，被越来越多的单位认可和青睐。

矿井虹膜考勤系统是煤矿安全生产管理的重要组成部分，它可以使企业管理者及时了解井下生产状况和人员组成，有效改进安全生产管理和劳动组织方式，是提高安全生产效率的重要手段。

2. 金融领域（银行、税务等）

随着近些年金融诈骗、银行卡盗刷等恶性事件屡屡发生，银行的安全系统受到了大众的质疑。同时，随着金融行业的不断发展，金融市场竞争日益激烈，银行的管理也日趋规范化，安全问题成为重中之重。为了提高安全级别，许多银行陆续引进生物特征识别技术，其中虹膜识别技术产品在银行业的应用成为大势所趋。

（1）银行金库门禁。将有权限进入金库人员的虹膜信息采集并保存下来，在每次进入金库的时候进行虹膜验证，通过验证方可进入。也可以设置多人验证和异地验证，加强银行金库的安全性管理。

（2）运钞车的管理。将运钞车相关人员的虹膜信息采集并保存下来，在出勤的时候进行虹膜验证，同时设置开启钱柜的权限，只有具有权限的人员才能打开钱柜，保证了资金的安全。

（3）信贷人员的身份验证。对每次借贷的人员先进行虹膜验证，如果存在此人的虹膜信息，则说明其已有借贷记录，可以停止发放贷款；如果没有此人的虹膜信息，则发放贷款后保存虹膜信息，防止其再次借贷，有效降低了银行坏账。

3. 社会安全

在司法、公安等系统中，对于嫌疑人的身份鉴别是否高效且精准，直接决定了警务人员的办事效率。尤其是在分秒必争的场景中，高效精准的虹膜识别技术，无疑是进行身份鉴别和认定的首选。

（1）监狱缓冲区门禁。对出入门禁的地方进行虹膜认证，确定身份。

（2）流动人员的管理。对探监人员进行虹膜采集，探监完成后进行虹膜识别，以确定进出的是同一人。

（3）公安刑侦。准确甄别犯罪嫌疑人；快速确认罪犯身份；验证死刑犯身份等。

（4）公安出入境管理。身份证或护照通过虹膜识别来进行身份鉴别。

（5）反恐。可以抓拍虹膜信息，与反恐怖分子信息比对识别。

除了以上列举的三大领域外，政府部门、科研机构、校园或日常家居等领域，也都可以应用虹膜识别技术来保障安全。相信随着我国科技水平的不断发展与提高，在国家的大力支持下，虹膜识别技术将被应用于不同的领域与场景，为社会的安全稳定保驾护航。

本 章 小 结

本章主要介绍了虹膜定位方法、虹膜边界定位方法和常用虹膜识别算法。首先对虹膜定位方法的每个步骤进行了简要说明；然后介绍了基于投票机制的虹膜边界定位方法和基于微积分的虹膜边界定位方法；最后介绍了 Gabor 识别算法并对虹膜识别应用的未来做出展望。

扩展阅读：

1. 田启川，2017. 虹膜识别 ［M］. 北京：清华大学出版社.
2. 田启川，2010. 虹膜识别原理及应用 ［M］. 北京：国防工业出版社.
3. 王立君，徐中宇，孙秋成，2014. 人体虹膜图像信息处理与识别技术 ［M］. 北京：中国水利水电出版社.

课 后 习 题

一、简答题

1. 什么是虹膜识别？

2. 为什么要进行虹膜定位？

3. 全局特征提取和局部特征提取的区别是什么？

二、填空题

1. 微积分算法也有缺点，该算法对成像位置要求_____、计算量_____，由于采用梯度幅值信息寻找极值点，因此容易被光斑、睫毛等局部梯度极值所影响。

2. Hough 变换的优点是适于检测已知_____和已知_____的目标。

3. 全局特征提取比较宏观，不能反映出_____具体的细节差异；局部特征提取能够消除_____的影响。

三、判断题

1. 人眼的外观主要由巩膜、虹膜、瞳孔三部分组成。（　　　）

2. 虹膜特征仅有全局特征。（　　　）

3. 虹膜特征提取是指通过一定的算法从分离出的虹膜区域中提取出描述虹膜的特征信息，并对其进行编码，形成特征模板。（　　　）

第3章
人脸识别

人脸识别技术最初从对背景单一的正面灰度图像的识别，经过对多姿态（正面、侧面等）人脸的识别，发展到能够实现动态人脸识别，目前正在向三维人脸识别的方向发展。在此过程中，人脸识别技术涉及的图像逐渐复杂，识别效果不断提高。虽然人脸识别研究已积累了丰富的经验，但目前的识别技术仍然不能对复杂环境中的人脸进行有效的处理和自动跟踪。同时，与其他学科不同的是，人脸识别技术融合了数字图像处理、计算机图形学、模式识别、计算机视觉、人工神经网络和生物特征技术等多个学科的理论和方法，需要研究人员具有完善的知识体系和丰富的经验。另外，人脸自身及所处环境的复杂性，如表情、姿态、图像的环境光照强度等条件的变化及人脸上的遮挡物（如眼镜、胡须）等，都会使人脸识别方法的鲁棒性受到较大的影响。因此，人脸识别技术仍然是 21 世纪富有挑战性的课题。

 学习目标

➤ 了解人脸识别的发展历史、研究内容、实验样本；
➤ 理解人脸识别的关键问题及技术指标；
➤ 掌握人脸的检测与定位；
➤ 掌握人脸的特征提取；
➤ 掌握人脸分类识别方法。

 学习任务

知识要点	能力要求	学习课时
人脸识别概述	（1）了解人脸识别的发展历史 （2）掌握人脸识别系统构成和人脸识别流程 （3）了解人脸识别实验数据集	1 课时

知识要点	能力要求	学习课时
人脸识别中的关键问题与技术指标	（1）理解人脸识别存在的问题 （2）掌握人脸识别的技术指标	1 课时
人脸的检测与定位	（1）理解基于知识的人脸检测方法 （2）理解基于模板匹配的人脸检测方法 （3）掌握基于统计的人脸检测技术	2 课时
人脸的特征提取	（1）理解传统手工特征提取方法 （2）掌握卷积神经网络的特征提取方法	
人脸分类识别方法	（1）理解 softmax 分类 （2）理解线性支持向量机和非线性支持向量机 （3）掌握多分类支持向量机 （4）理解随机森林和 BP 神经网络	1 课时

导入案例

2017 年 12 月 5 日，上海申通地铁集团与阿里巴巴、蚂蚁金服联合宣布三方达成战略合作。在签约仪式上，阿里巴巴最新研发的刷脸进站等多项技术惊艳亮相。

人脸识别概念闸机（图 3-1）采用的是人脸识别技术，在新型的地铁进站闸机上新增一块屏幕，乘客经过屏幕时，几乎无须停留，屏幕依托人脸识别技术完成人脸识别，开启闸机，乘客直接进站。

人脸识别闸机

图 3-1　人脸识别概念闸机

随着移动互联网的发展和智能手机的飞速进步，以人脸为基础的强交互应用变得越来越普及。在各大短视频 App 平台、互动广告屏、电梯屏等场景，人们都在使用基于人脸的美颜、滤镜、贴纸、动效、裁剪等交互功能。针对这些场景，百度大脑全新发布人像处理软件开发工具包，涵盖了主流人像处理能力，能够应对各类业务需求。例如，提供美白、磨皮、瘦脸、五官比例调节等美颜滤镜，添加 2D 或 3D 动态贴纸、皮肤级贴纸、人脸变形、表情动作触发等人脸特效，甚至是人脸融合、替换人像背景、背景虚化等"黑科技"，适配各类娱乐营销场景，从内容制作、应用到管理，打造了一套拥有完整 AI 赋能的解决方案。提供各种美颜功能的 App 如图 3-2 所示。

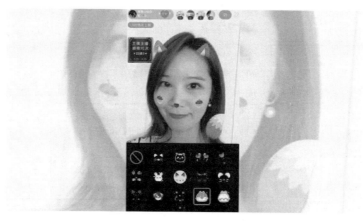

图 3-2　提供各种美颜功能的 App

用人脸识别技术告别手机支付的时代已经不远了，人们在支付过程中，无须登录账号，更不需要手机，仅靠刷脸和输入手机尾号确认，便可完成支付宝支付，过程仅需几秒。支付宝"刷脸支付"终端如图 3-3 所示。

图 3-3　支付宝"刷脸支付"终端

更神奇的是，现在公安局可以通过人脸识别技术抓捕逃犯。沈阳地铁站安装了人脸识别系统，这个系统每秒可扫描 30 张行人的照片，并对其进行面部分析。安装运行仅 27 个小时，系统就成功识别出两名逃犯，警方迅速将两名逃犯抓获并移交公安机关处理。沈阳地铁人脸识别系统如图 3-4 所示。

图 3-4　沈阳地铁人脸识别系统

3.1　人脸识别概述

1. 人脸识别的发展历史

人脸识别技术是利用计算机分析人脸图像，从中提取出有效的识别信息，用来"辨认"身份的一门技术。通常识别处理后可得到的基本信息包括人脸的位置、尺度和姿态等，利用特征提取技术还可进一步提取出更多的生物特征（如种族、性别和年龄等）。

人脸识别技术具有悠久的发展历史，第一次使用人脸识别进行身份验证的文章由 Galton 刊登在 1888 年的 *Nature* 杂志上[10]。在计算机技术随后的几十年发展中，人类赋予了计算机知晓外部世界和自动识别的能力，促使人脸自动识别技术出现并开启了人脸识别的新篇章。人脸自动识别技术最早被提出是在 1965 年的 Panoramic Research Inc 技术报告中。早期的人脸识别方法有以下两大特点。

（1）大多数识别方法是基于部件的，利用人脸的几何特征进行识别，提取的信息是人脸主要器官特征信息及其之间的几何关系。这类方法比较简单，但是很容易丢失人脸的有用信息，从而在视角、表情等变化的情况下识别能力变差。鉴于这种情况，后来出现了性能较优的模板匹配方法，根据图像库中的人脸模板与待识别人脸模板在灰度上的相似程度来实现人脸识别，这类方法在一定时期内占据主流。

（2）人脸识别研究主要是在较强约束条件下的人脸图像识别。此类识别要求图像背景单一或无背景，人脸位置已知或很容易获得等，但对现实场景产生的图像处理效果欠佳。

人脸识别技术发展历史大致分为以下三个发展阶段。

（1）初始阶段（1965—1990年）：这一阶段主要是研究基于几何结构特征的算法。该算法主要将人脸面部特征的距离构造成特征向量，然后使用最近邻插值法或其他分类方法来识别人脸。但由于该方法需借助人工操作，人脸的器官形态及位置等会直接影响识别率，且忽略了人脸的其他细节，所以未能在实际应用中使用[11]。

（2）黄金时期（1990—1997年）：该阶段是人脸识别技术的高潮阶段，更多的人脸识别算法被提出。其主要有Pentland的特征脸算法，这一算法被用来测试人脸识别的性能[12]；后来，有人提出以特征脸为基础的子空间法[13]、FisherFace算法[14]；T. Ojala提出的局部二值模式（Local Binary Pattern，LBP）算法[15]；美国国防部为了测试不同人脸识别方法的识别效果，创建了FERET数据库[16]，人脸识别算法也由此得到改进和完善，进一步指明了人脸识别的发展方向。

（3）第三阶段（1997至今）：用户不合作、采集条件差等一些非理想条件成为这一阶段研究的热点与难点。其主要有基于光照锥（Illumination Cones）模型的人脸识别算法，该算法可以在不同姿态与光照条件下进行人脸识别[17]；统计学习理论为人脸识别开启了新的篇章，其中最著名的是基于支持向量机的人脸识别算法[18]；Blanz和Vetter提出的基于3D变形模型的人脸识别算法，这一算法可以很好地应对姿态、光照条件下的人脸图像[19]；Shashua等提出的基于熵图像的人脸识别算法[20]；Barsi和Ramamoorthi分别提出的基于球面谐波（Spherical Harmonics）函数的人脸识别算法[21]；2D Gabor滤波器[22]、方向梯度直方图（Histogram of Oriented Gradient，HOG)[23]等技术的出现进一步丰富了人脸识别技术。

小知识：人脸建模，即根据输入的人脸图像自动定位出面部关键特征点，如眼睛、鼻尖、嘴角点、眉毛，以及人脸各部件轮廓点等。

国内的人脸识别技术在许多高校、科研机构、IT公司的带领下得到了迅速发展。例如，清华大学的边肇祺教授提出的K-L变换（Karhunen-Loeve Transform）；中国科学技术大学杨光正教授基于镶嵌图的识别方法；被誉为"人脸识别教父"的李子青教授提出的近红外人脸识别。阿里巴巴公司将人脸识别技术应用在支付宝、淘宝等产品上，这些产品在实际应用中表现出了良好的效果，同时推动了人脸识别技术的发展。

小知识：K-L变换是建立在统计特性基础上的一种变换，有的文献也称为霍特林（Hotelling）变换，因他在1933年最先提出将离散信号变换成一串不相关系数的方法。K-L变换的突出优点是去相关性好，也是均方误差（Mean Square Error，MSE）意义下的最佳变换，它在数据压缩技术中占有重要地位。

在国外，人脸识别技术多被用于政府、金融、安防等领域。日本的日立公司将计算机视觉与大数据分析结合，推出一款"日立视频分析"系统，为日本政府提供车牌识别、车流量检测和人脸识别等服务。芬兰的Unqual公司在POS机上安装摄像头，用户只需要在摄像头前点头确认就能进行支付操作。美国密歇根州立大学利用摄像监控捕捉到真实人脸图像，成功识别出了波士顿马拉松爆炸案的嫌疑人。澳大利亚将人脸识别技术应用在安检的电子闸机中，境外旅客可不必携带护照，通过指纹和人脸就能够轻松验证身份。人脸识别安检闸机如图3-5所示。

图 3-5 人脸识别安检闸机

2. 人脸识别系统

人脸识别系统的研究内容包括以下五个方面。

(1) 人脸检测是从不同情境中找出人脸所在坐标与人脸所占的面积区域。其受光照强度、图像噪点、头部偏角、脸部大小、表情、图像质量和各种装饰物遮挡等因素的影响。

(2) 人脸表征是提取出人的面部特征,包括人脸几何特征 (如欧式距离、曲率、角度等)、代数特征 (如矩阵特征矢量等)、固定特征模板、特征脸、云纹图等。

(3) 人脸识别是将待测对象与数据库中已存在的人脸图像进行一一比对,得出结果。其关键是选择适当的人脸表达方法与匹配算法。

(4) 面部表情或姿态分析是通过计算机识别人脸的面部表情变化,分析和理解人的情绪所代表的含义。

(5) 生理分类是通过计算机对人脸生理特征进行仔细分析,得到相关结论,这些生理特征包括人的性别、年龄、种族等信息。

人脸识别系统基本流程如图 3-6 所示,系统有静态图像输入和动态 (视频) 图像输入两种。

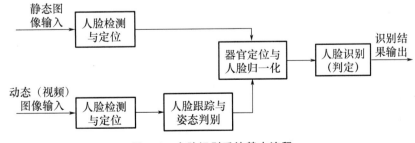

图 3-6 人脸识别系统基本流程

输入图像后，系统首先进行人脸检测与定位，对于视频图像还需要对输入的人脸进行跟踪与姿态判断的额外过程；然后对人脸的鼻子、眼睛等面部器官进行准确定位与人脸归一化操作，以便于和数据库中存在的人脸进行识别比较；最后是人脸识别（判定），即判定该面部图像属于哪个人。在这个过程中需要对人脸进行特征提取，将提取的特征和数据库中的人脸特征进行匹配，并对该人脸进行核实，即确定该人脸的身份是否真实存在。在完成识别步骤后，系统输出结果。

3. 人脸识别的实验样本

人脸识别最初被当作一个一般性的模式识别问题来研究，直到 20 世纪 90 年代才取得显著的发展和进步。许多高校和实验室展开对人脸识别问题的研究，诞生了大量人脸识别算法。为了能够公正、合理地对各种人脸识别算法进行评估和测试，把一些具有代表性的人脸数据库作为标准，用来评价人脸识别算法。主要用于评测的人脸数据库如表 3-1 所示。

表 3-1 主要用于评测的人脸数据库

数据库	描述	用途
Public Figures（PubFig）Face Database	哥伦比亚大学的公众人物脸部数据集，包含 200 个人的超过 58000 张人脸图片	非限制场景下的人脸识别
Large-scale CelebFaces Attributes（CelebA）Dataset	由中国香港中文大学汤晓鸥教授实验室公布的大型人脸识别数据集，包含约 200000 张人脸图片，人脸属性有 40 多种	主要用于人脸属性的识别
Multi-Task Facial Landmark（MTFL）Dataset	包含将近 13000 张人脸图片，均采自网络	人脸对齐
Colorferet	包含 1 千多个人的超过 10000 张图片，每个人包括不同表情、光照、姿态和年龄的图片	通用人脸数据库，包含通用测试标准
BioID Face Database-FaceDB	包含 1521 张分辨率为 384 像素×286 像素的灰度图片。其图片来自 23 个不同测试人员的正面角度的人脸	人脸检测
Labeled Faces in the Wild Home（LFW）	包含超过 13000 张人脸图片	标准的人脸识别数据集
Person Identification in TV Series	该数据集所选用的人脸图片来自两部知名的电视剧，《吸血鬼猎人巴菲》和《生活大爆炸》。该数据集中包含来自 68 个人的 40000 张图片，其中包括了每个人的 13 种姿态条件、43 种光照条件和 4 种表情下的图片	非限制场景下的人脸识别

续表

数据库	描述	用途
CMUVASC & PIE Face Dataset	包含来自 68 个人的 40000 张图片,其中包括每个人的 13 种姿态条件、43 种光照条件和 4 种表情下的图片	非限制场景下的人脸识别
YouTube Faces	包含来自 1595 个人的 3425 段视频	非限制场景下的人脸识别
CASIA-FaceV5	包含来自 500 个人的 2500 张亚洲人脸图片	非限制场景下的人脸识别
The CNBC Face Database	包含 200 个人在不同状态下(不同的神情、装扮和发型等)的人脸图片	非限制场景下的人脸识别
CASIA-3D FaceV1	包含来自 123 个人的 4624 张人脸图片	非限制场景下的人脸识别
IMDB-WIKI	包含 IMDB 中约 20000 个名人的超过 460000 张人脸图片和维基百科 62000 张人脸图片	非限制场景下的人脸识别
FDDB	包含 2845 张图片中的 5171 张人脸	标准人脸检测评测集
Caltech 人脸数据库	包含 10000 张人脸图片,提供双眼和嘴巴的坐标位置	非限制场景下的人脸识别
The Japanese Female Facial Expression (JAFFE) Database	包含 213 张人脸图片,来自 10 个人。每个人为一组,每一组都含有 7 种表情,每种表情有 3 或 4 张样图	非限制场景下的人脸识别

3.2 人脸识别中的关键问题与技术指标

1. 关键问题

随着人脸识别研究的不断发展,各个时期的不同问题也不断进入研究人员的研究范畴。目前人脸识别技术取得了可喜的成绩,但是离人们对它最初的期望还有一定距离。虽然到目前为止没有一种算法能够完全解决所有问题,但正是这些问题推动着人脸识别研究的步伐不断前进。

人脸识别的
关键问题

(1)室内外光线变化问题。

光照问题一直是人脸识别中的一个非常重要而又难以解决的问题。目前许多识别方法对光照条件都有不同程度的依赖,过亮、过暗或偏光等现象都可能导致识别率的急剧下降。虽然目前已提出了一些具体的解决方案,但总体来讲,对于光照问题的研究还相对较少，缺乏高效实用的算法。早期的解决思路是尽可能采用对光照变化不敏感的图像表示方法，如人脸器官的横纹特征、图像的二维 Gabor 滤波函数等方法。虽然它们对光照变化都有补偿作用，但仍存在一定的局限性。目前，对光照问题的解决思路有以下几种：其一，寻求对光照变化不敏感的底层视觉特征，提高识别性能；其二，建立光照模型，进行针对性的光照补偿，消除非均匀正面光照造成的影响；其三，用任意光照图像生成算法，生成多个不同光照条件的训练样本，利用具有良好学习能力的人脸判别算法进行识别。另外，利用多种方法融合来解决光照问题也值得尝试。

总体来讲，现有的这些方法还不足以很好地解决光照对人脸识别产生的影响。需要进一步研究的方面主要集中在如何建立通用光照模型，如何提取对光照变化不敏感的底层视觉特征（如横纹特征、小波变换系数等），如何建立基于学习策略的光照模型判别方法等。

（2）多姿态问题。

由于人脸姿态的多样性，在自然状态下所获得的人脸图像并非总是正面的，正面人脸图像仅是一种理想的识别状态；同时，由于人脸的偏转或俯仰会造成面部信息的部分缺失，这给人脸特征的精确提取造成一定程度的困难；此外，识别时偏转角度的估计，也是影响精确匹配的重要因素。因此，在人脸识别中必须考虑姿态变化对其产生的影响。

目前基于姿态变化的人脸识别研究较多，已产生了大量的研究成果。比较典型的解决思路有：建立多姿态人脸数据库，通过多样本学习方法进行识别；寻求基于姿态不变特征的方法，如基于弹性图匹配的识别方法、基于肤色模型的识别方法等；利用自动生成法，在单视图基础上自动生成多角度视图进行识别。

（3）表情变化问题。

人脸是一个三维柔性结构，人脸表情复杂多变。人类大脑能够轻易地区分一个人的表情变化，但是这个工作交给计算机来处理就没那么轻松了，它会使人脸结构二维投影发生复杂的变化，从而造成人脸识别率的线性下降。

（4）异物遮挡问题。

饰品、文身、整容和头发等都有可能造成遮挡，导致人脸图像部分信息的丢失，甚至化浓妆会造成整个人面貌的改变。所以，如何消除异物遮挡对人脸识别的影响从而实现高效的人脸识别，是目前研究人员面对的一个课题。

（5）图像采集时间跨度大的问题。

人脸数据库中采集的原始图像距离检测时间跨度较大的时候，人脸细节会发生较大的变化。对于十几岁的青少年来说，正处于生理发育的黄金年龄段，一两年就会发生明显的变化；对于中老年人来说，皱纹的增多、老年斑的出现等都会对人脸识别效果产生很大的影响。所以，图像采集时间距离检测时间跨度大，也是该研究领域急需解决的一个难题。

（6）原始图像质量问题。

同一种算法在同样的人脸数据库里的表现也可能不一样。这是因为，原始图像质量高，识别效果就好；否则识别效果就差。原始图像的质量优劣归根于图像采集设备的差异，以及图像采集设备参数设置的不同。例如，摄像机镜头的差异、光圈系数的设置等。

（7）小样本问题。

进行人脸识别首先需要对训练样本进行学习，从而在高维空间中形成人脸图像样本特征向量的分布。如果样本数量不够充分，就会导致在高维空间中对图像特征的估计不够充分，进而影响识别效果。这是近几年比较流行的基于统计学习和模式识别的人脸识别系统面对的课题。

（8）识别算法自身的缺陷。

人脸识别系统实现商用以后，现有算法在小数据的应用中表现良好，但是在面对大数据的时候算法性能表现不佳。现有算法在处理新环境下的大数据偏差较大。

2. 技术指标

例1：在摄像头的抓拍图像中，一共有100张人脸，算法检测出80张人脸，其中75张是真实人脸，5张是把路标误识为人脸。

（1）检测率是识别正确的人脸与图中所有人脸之比。检测率越高，代表检测模型效果越好。

（2）误检率是识别错误的人脸与识别出来人脸之比。误检率越低，代表检测模型效果越好。

（3）漏检率是未识别出来的人脸与图中所有人脸之比。漏检率越低，代表检测模型效果越好。

在这个实际案例中：检测率＝75/100，误检率＝5/80，漏检率＝（100－75）/100。

例2：1000张样本图像，共600张正样本。相似度为0.9的图像一共100张，其中正样本为99张。虽然0.9阈值的正确率很高，为99/100；但是0.9阈值正确输出的数量却很少，只有99/600。这样很容易发生漏识的情况。

（1）精确率（precision）是识别为正确的样本数与识别出来的样本数之比。本例为99/100。

（2）召回率（recall）是识别为正确的样本数与所有样本中正确的数之比。本例为99/600。

（3）错误接受率/认假率/误识率（False Accept Rate，FAR）是指将身份不同的两张照片判别为相同身份。该指标越低越好

$$FAR = NFA/NIRA \qquad (3-1)$$

式中，NIRA是类间测试次数，即不同类别间的测试次数。例如，如果有1000个识别模型，有1000个人要识别，而且每个人只提供一个待识别的素材，则NIRA＝1000×（1000－1）。NFA是错误接受次数。

错误拒绝率/拒真率/拒识率（False Reject Rate，FRR）是指将身份相同的两张照片，判别为不同身份。该指标越低越好。

$$FRR = NFR/NGRA \qquad (3-2)$$

式中，NGRA是类内测试次数，即同类别内的测试次数。例如，如果有1000个识别模型，有1000个人要识别，而且每人只提供一个待识别的素材，则NGRA＝1000；如果每个人提供N张图片，则NGRA＝N×1000。NFR是错误拒绝次数。

FAR决定了系统的安全性和易用程度。在实际中，FAR对应的风险远远高于FRR。因此，生物特征识别系统中，会将FAR设置为一个非常低的范围，如万分之一甚至百万

分之一。在 FAR 固定的条件下，FRR 低于 5％，这样的系统才具有实用价值。

3.3 人脸的检测与定位

最早的人脸检测技术始于 20 世纪 70 年代初，主要是利用简单的固定模板进行匹配，也可以指基于特征的检测方法。这类方法能够针对人脸对象前景突出、背景色单一及人脸正向的情形进行较为准确的人脸检测，但其缺点也很明显，即不适用于非理想的环境。随着计算机视觉和图像处理技术的不断提高，人脸检测技术也在不断提高。目前，人脸检测技术主要分为基于知识的人脸检测技术、基于模板匹配的人脸检测技术和基于统计的人脸检测技术。复杂场景下的人脸检测如图 3-7 所示。

图 3-7 复杂场景下的人脸检测

1. 基于知识的人脸检测技术

基于知识的人脸检测方法有以下五种。

（1）轮廓规则。人脸的轮廓可近似地看成一个椭圆，则人脸检测可以通过检测椭圆来完成。Govindaraiu 等把人脸抽象为三段轮廓线：头顶轮廓线、左侧脸轮廓线和右侧脸轮廓线。对一幅人脸图像，首先进行边缘检测，并提取出细化后的边缘曲线特征；然后计算由各曲线组合成的人脸评估函数，以此来检测人脸。

（2）器官分布规则。虽然人脸因人而异，但都遵循一些普遍适用的规则，即五官分布的几何规则。检测图像中是否包含人脸,即检测图像中是否存在满足这些规则的图像块。这种方法一般是先对人脸的器官或器官的组合建立模板,如双眼模板、双眼与下巴模板;然后检测图像中几个器官可能分布的位置,对这些位置点分别组合,用器官分布的集合关系准则对其进行筛选,从而找到可能存在的人脸。

(3) 肤色、纹理规则。人脸肤色聚类在颜色空间中一个较小的区域,可利用肤色模板有效地检测出图像中的人脸。Lee 等设计出由肤色模型来表征人脸颜色,利用感光模型进行复杂背景下人脸及人脸各器官的检测与分割[24]。Dal 等利用空间灰度共生矩阵纹理信息作为特征,进行低分辨率的人脸检测。Saber 等将颜色、形状结合在一起进行人脸检测。与其他检测方法相比,利用这些方法检测出的人脸区域可能不够准确,但如果在整个系统实现过程中用作人脸检测的粗定位环节,则具有直观、实现简单、快速等特点,可以为后续进一步进行精确定位创造良好的条件,以达到最优的系统性能,并且用色度表示人脸特征还有一个最突出的特点,就是具有姿态不变性。

(4) 对称性规则。人脸具有一定的轴对称特性,各器官也具有一定的对称性。Zabrodsky 等提出连续对称检测方法,检测一个圆形区域的对称性,从而确定是否为人脸[25]。Riesfield 提出广义对称变换方法来进行人脸器官定位[26]。

(5) 运动规则。若输入的图像为动态图像序列,则可以利用人脸或人脸器官相对于背景的运动来检测人脸,如利用眨眼或说话的动态来分离人脸与背景。在运动的目标检测中,帧相减是最简单的检测动态人脸的方法。但是,当目标受遮挡、背景光照变化及有多个运动目标时,这种方法便会失效。这时可考虑用光流或基于光流场的不连续性等方法,此类方法的瓶颈在于光流的可靠性计算。Marques 等使用连接算子和分割投影来分别实现基于动态图像序列的人脸分割和跟踪,并在实验中对 MPEG-4 和 MPEG-7 格式的图像序列进行测试,取得比较满意的结果[27]。由于图像序列的计算远比静止图像的计算复杂和耗时,基于动态图像序列的人脸识别方法随着计算机的高速发展和视频监控等应用的需要,在近几年逐渐成为一个研究热点。

小知识:光流场是指图像中所有像素点构成的一种二维瞬时速度场,其中的二维速度矢量是景物中可见点的三维速度矢量在成像表面的投影。所以光流场不仅包含了被观察物体的运动信息,而且包含有关景物三维结构的丰富信息。对光流场的研究成为计算机视觉及有关研究领域中的一个重要部分。

2. 基于模板匹配的人脸检测技术

基于模板匹配的人脸检测技术实质上是事先设定好一定的候选人脸模板库,接着采取一定的模板匹配策略,用模块库中的模板和图像进行匹配,然后进行相关性计算,以计算出的相关性的高低来判断图像中用模板匹配出的人脸候选区域是否为人脸对象,通过所匹配模板的大小即可进一步确定人脸的大小和位置信息。一般基于模板匹配的人脸检测方法的步骤如下。

首先需要用描述人脸图像局部特征的多个子模板来构建一个标准的人脸模板库。然后以不同尺寸大小的模板窗口对输入的整幅图像进行匹配搜索,并且对匹配搜索到的结果与标准人脸模板库中的不同子模板进行相关性计算,求出相关性系数,将得到的相关性系数和预定义的阈值进行对比，以此来判断该图像中是否包含人脸对象。由于早期模板存在诸多不足，因此张春雨等在基于模板匹配的基础之上，提出了根据被测物体形状的不同而进行不同的参数化弹性模板的方法进行人脸检测。

弹性模板是由不同待测物体形状选择不同参数化的可调模板和该模板相对应的能量函数构成。该模板对应的能量函数的设计主要依据如下。

（1）待测图像的灰度信息分布情况。

（2）待测物体的轮廓信息等。

采用弹性模板的方法来进行图像中人脸检测，实质上是用一个可调节参数的模板在待测图像中不停地移动和不断地调整模板参数，并在每次移动和调整参数的同时，计算出图像在该模板下所对应能量函数的函数值，即能量值。当能量值最小时所对应的模板即为最佳匹配模板。但是基于弹性模板的方法主要存在以下两个问题：一是能量函数中的加权系数难以根据现有算法来确定，因此在很大程度上限制了其推广；二是对能量函数进行求解计算难度大、计算时间较长，因此不适合高实时性要求的人脸检测应用环境。山世光等提出并实现了一种基于面部图像纹理分布特性和可变形模板相结合的算法，由粗到细面部特征进行提取的策略，解决了可变形模板对参数初值的依赖性强和计算时间长等问题。人脸检测技术在影视剧中的应用如图 3-8 所示。

图 3-8　人脸检测技术在影视剧中的应用

3. 基于统计的人脸检测技术

由于图像中存在的复杂性和多变性，考虑显式描述人脸特征，进而产生了一类新的人脸检测方法，即基于统计的人脸检测方法。该方法首先搜集大量的"人脸""非人脸"图像，以构成图像样本库，即人脸正、负样本图像库；然后选择某种统计算法对人脸正、负样本图像库进行连续的训练，进而得到基于该人脸正、负样本图像库的分类器。训练完之后，用训练好的分类对待测图像进行人脸检测，判断候选区域属于哪类模式进而判断是否是人脸区域。基于统计的人脸检测方法有很多种，代表方法主要有以下三种：人工神经网络（Artificial Neural Network，ANN）方法、支持向量机（Support Vector Machine，SVM）方法、Adaboost 方法等。

（1）人工神经网络方法实际上是用复杂的、非显式的特征语言描述人脸特征。模式中存在的统计特性，通过人工神经网络独特的算法结构及参数来进行描述，因此采用基于人工神经网络的方法进行人脸检测具有很大的优势。卡内基梅隆的 Rowley 等在检测多姿态人脸的时候引入了多个人工神经网络结构来进行检测，取得了不错的效果。当然对于人工神经网络的应用和优化还有很多，如 Juell 等在人工神经网络的基础之上提出了基于人脸器官检测的多级人工神经网络方法，Anifantis 等提出的双通道输出的人工神经网络方法等。

（2）支持向量机是 Vapnik 等于 1998 年提出的，是一种基于统计理论的模式识别方法，其基本原理是在结构风险化最小的基础上，为两种或多种不同种类样本数据寻求最优超级分类面。图像的特征信息实际上是用一组高维的特征向量来表征，这样容易想到在低维中难以寻找的最优分类面可放到高维空间去寻找。在高维空间可以较为容易地找到简单的分类面来实现最优划分，但是高维向量的运算会加大计算的复杂度。目前解决这一问题效果较好的方法就是引入核函数来简化计算，如果能够选择较为合理的核函数，相应的高维空间内的分类函数就会比较理想，计算复杂程度将会大大降低。Osuna 最先将支持向量机应用到人脸检测领域。Osuna 将支持向量机应用到人脸检测的基本思路是：对每一个像素点范围为 19×19 的待检测窗口使用支持向量机进行分类，以区分这些待检测窗口中哪些是"人脸"窗口，哪些是"非人脸"窗口。分类训练过程需要使用大量正面人脸和非人脸的样本进行训练，并且使用逐步递进优化的方法来降低支持矢量的数量，以此来达到快速分类检测的目的。随后 Heiselet 提出了二级支持向量机来检测人脸，取得了更高的检测率。

（3）Adaboost 算法的核心就是级联。通过对待测对象进行级联分类检测，而不是依据一次分类判断就得出分类结果，这是一个逐步优化的过程。Freund 和 Schapire 认为，判断一个待测对象是否属于某一类，随机猜测可以获得 50% 的正确率，但如果采用的分类器的识别率高于或略高于 50%，称这样的分类器为弱分类器。采取多个这样的弱分类器级联，可以形成一个识别率更高的分类器，称这样的分类器为强分类器。这时如果采用上述同样的方法生成多个强分类器，然后将这些强分类器进行级联，就可以形成一个级联强分类器，用于完成样本的分类工作。Viola 等在 2001 年首次将 Adaboost 算法引入人脸检测，级联分类器是由多个弱分类器构成，而弱分类器需要通过训练分类函数得到，在这个训练过程中，需要给定一个特征集合和一个包含正负样本的训练样本集。选择特征集合是件比较困难的事，需要综合考虑多方面，Viola 等提出了一种很好地表示图像局部纹理特征的矩形特征，同时给出了用积分图快速计算矩形特征值的方法。因为上述矩形特征具有类似 Haar 小波的特性，所以这些矩形特征又被称为 Harr 矩形特征。Viola 等最开始使用几种简单的 Haar 特征，未能很好地表示人脸图像中丰富的纹理信息。Rainer、Lienhart 等在特征数量和特征种类上对 Haar 特征进行了拓展，如扩展了 Viola 提出的边缘特征、线性特征和对角线特征 3 个抽象特征范畴，并且新增了中心环绕特征，使得 Harr 特征种类更加完善；刘晓克等对 Haar 特征矩形的倾角在原先的 $0°$、$45°$、$90°$、$180°$ 的基础上新增了 $30°$ 和 $60°$ 的倾角。

3.4 人脸特征提取方法

1. 传统手工特征提取方法

（1）LBP 特征。

Ahonen 等最早提出局部二值模式，即 LBP 算子。LBP 算子是一种具有灰度不变性的纹理描述算子，在描述图像的纹理特征方面得到了广泛应用，后来被用于分析不同应用场合的人脸图像。LBP 算子的主要思路是：对图像中包含的任一点像素，以该像素的灰度值为阈值，然后计算出其与周围邻域像素的相对灰度值作为响应。人脸图像的灰度值容易受光照因素的影响而产生变化，但在某个局部区域范围内，通常将这种变化视为单调变化，因此，LBP 在具有不均匀光照的应用中取得了良好的效果。

原始的 LBP 算子分别选取每幅图像的每个像素点，将该像素点作为中心像素点，对中心像素点 3×3 邻域的像素点二值化为 0 或 1，并将结果保存为一个 8 位的二进制数（或称 LBP 编码），用来表示图像像素点的变化。LBP 算子的公式为

$$LBP_{P,R} = \sum_{i=0}^{P-1} S(x_i - g_c) \times 2^P \tag{3-3}$$

$$S(x_i - g_c) = \begin{cases} 0 & x_i < g_c \\ 1 & x_i > g_c \end{cases} \tag{3-4}$$

式中，g_c 表示图像矩阵中心像素点的灰度值；x_i 表示除 g_c 外该邻域其他像素点的灰度值；P 表示邻域内除 g_c 像素点外的个数；R 表示邻域半径。如图 3-9 所示，$R=1$ 和 $P=8$ 的 3×3 领域人脸区域图像，中心像素点 $g_c=64$，$\{x_0=68，x_1=73，\cdots，x_7=61\}$，表示为 $LBP_{8,1}$。

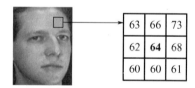

图 3-9 人脸图像及其 3×3 邻域像素点

人脸图像的 LBP 特征计算过程如图 3-10 所示。首先选取 64 像素值为该人脸图像的中心像素点；然后按照逆时针的方向对像素点 x_i 与 64 的大小进行比较，如果 x_i 大于 64，则将该像素点二值化为 1；如果 x_i 小于 64，则将该像素点二值化为 0；最后把像素点按照从左到右的顺序连接成一个二进制编码，图中 11100000 就是 LBP 运算后的二进制编码，转化为十进制后的 LBP 编码为 224。

（2）HOG 特征。

HOG 是图像识别领域常用的一种特征描述算子，通过对图像局部区域的 HOG 进行计算和统计构造 HOG 特征。HOG 特征的提取方法如下。

① 对原始图像进行颜色空间归一化。使用 Gamma 校正调节图像的对比度，降低因光

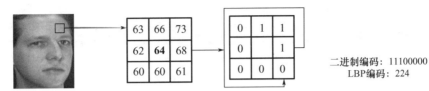

二进制编码: 11100000
LBP编码: 224

图 3-10 人脸图像的 LBP 特征计算过程

照变化和图像局部阴影对特征提取过程产生的影响,同时降低噪声的干扰。

② 通过计算得出图像中每个像素点的梯度,目的是获取图像的轮廓信息,并进一步减弱光照的影响。

③ 将图像划分成若干个相互连通的细胞单元。

④ 统计并采集每个细胞单元梯度或边缘的方向梯度直方图,将统计后的直方图组合起来构成 HOG 特征描述算子。

按照上述过程提取图像的 HOG 特征,获得图像的梯度图像和 HOG 特征,如图 3-11 所示。

(a) 原始图像　　　　(b) 梯度图像　　　　(c) HOG 特征

图 3-11 梯度图像与 HOG 特征

同样对经过亮度、位置变化后的人脸图像进行 HOG 特征提取,结果如图 3-12 所示。

(a) 亮度变暗　　　图(a) 的梯度图像　　图(a) 的HOG特征

原始图像

(b) 旋转　　　图(b) 的梯度图像　　图(b) 的HOG特征

图 3-12 亮度与位置变化后的 HOG 特征对比

由图 3-12 可见,HOG 特征对人脸图像亮度变化和位置变化均具有较好的鲁棒性。然而特征提取过程中需要计算每个像素的梯度及细胞单元的梯度,因此计算量大。

2. 基于深度学习的特征提取方法

传统手工特征提取方法取决于特征描述算子的设计，整个设计过程依赖研究者对图像领域知识的理解，而且很烦琐、容易出现纰漏。而深度学习的出现改变了这一现状，只需要设计好损失函数，然后迭代地对损失函数进行凸优化，就可以自适应地提取想要的特征。基于深度学习的特征提取既不需要先验知识也不需要人工干预，而且目的性更强，这也是深度学习得以在计算机视觉领域有所建树的主要原因。目前人脸识别领域越来越多的研究者使用卷积神经网络来构建优化算法，卷积神经网络具有局部感知、参数共享和池化的特点。下面简述卷积神经网络的几个关键技术。

一个典型的卷积神经网络主要由输入层、卷积层、池化层、全连接层、softmax 层构成。一张图像从输入层输入，依次经过卷积层、池化层等多层的特征提取，最后抽象成信息量更高的特征从全连接层输入 softmax 层进行分类。

（1）输入层。

输入层顾名思义就是整个卷积神经网络的数据输入，通常把一个经过预处理的图像像素矩阵输入这一层中。对于不同类型的图像输入时需定义图片类型，如黑白图像是单通道图像、RGB 图像是三通道图像。

当一幅图像输入卷积神经网络中后，会经过若干个卷积层和池化层的运算，直至全连接层降维，因此图像的数量和分辨率都会对模型的性能造成影响。

（2）卷积层。

卷积层是整个卷积神经网络的核心部分，其作用为提取图像特征和数据降维。卷积层包含多个卷积核，该卷积核的尺寸通常由人工指定为 3×3 或 5×5。

假设卷积核的大小为 3×3，其中卷积核为

$$conv = \begin{bmatrix} 0 & 1 & 1 \\ 1 & 0 & 0 \\ 1 & 0 & 0 \end{bmatrix} \tag{3-5}$$

假设 a_i 表示卷积核邻域的像素值；w_i 表示矩阵中的第 i 个像素点的权值，那么经过卷积计算后，该单位矩阵的像素点取值 $g(i)$ 可以表示为

$$g(i) = \sum_{i=1}^{9} a_i \times w_i \tag{3-6}$$

图 3-13 详细解释了图像卷积运算的执行过程。首先选取图 3-13 中的 3×3 尺寸的 conv 卷积核，从矩阵 A 的左上角开始划分出一个和卷积核尺寸同样大小的矩阵，按照式(3-6)将这个矩阵与 conv 对应位置上的元素逐个相乘后求和，得到的值即为新矩阵的第一行第一列的值，然后按照从左到右、从上到下的顺序，重复以上步骤（图中的第 1～9 步），最终得到一个新的矩阵（第 9 步中右侧矩阵）。这个矩阵保存了图像卷积操作后的所有特征。

对于图片的边界线点，卷积神经网络的卷积核有两种处理方式：一种是对输入的矩阵不采取任何操作，直接按照图 3-13 所示的顺序进行卷积操作，但经过该处理方式后输出矩阵的大小发生改变，输入矩阵大于输出矩阵；另一种是对原矩阵边界进行全 0 填充

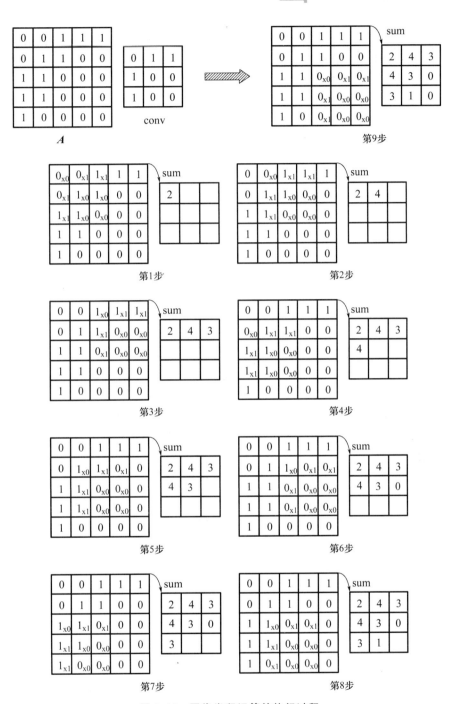

图 3-13 图像卷积运算的执行过程

（Zero-Padding）后再进行卷积计算，这种处理方式使得矩阵尺寸输出后不发生改变，如图 3-14 所示。

（3）池化层。

池化（Pooling）也称采样（Sub Sampling）或下采样（Down Sampling）。池化层可

0	0	0	0	0	0	0
0	0	0	1	1	1	0
0	0	1	1	0	0	0
0	1	1	0	0	0	0
0	1	1	0	0	0	0
0	1	0	0	0	0	0
0	0	0	0	0	0	0

图 3-14　进行全 0 填充后的图像矩阵

以在保留原图片特征的前提下，非常有效地缩小图片尺寸，减少全连接层中的参数。因此，该步骤又称降维。增加池化层不仅加速了模型的计算，而且可以防止模型出现过拟合现象。

池化也是通过一个类似卷积核的窗口按一定顺序移动来完成的。与卷积层不同的是，池化不需要进行矩阵节点的加权运算，常用的池化操作有最大值运算和平均值运算。其相应的池化层也分别被称为最大池化层（Max Pooling）和平均池化层（Average Pooling）。其余的池化操作在实践中使用较少，本节不做赘述。

池化窗口也需要人工指定尺寸，以及是否使用全 0 填充等设置。假设选用最大池化层，池化窗口尺寸为 2×2，不使用全 0 填充，则图像池化操作原理如图 3-15 所示。首先将该特征矩阵划分为 4 个 2×2 尺寸的矩阵，然后分别取出每个 2×2 矩阵中的最大像素值 Max，最后将每 4 个矩阵中的最大像素值组成一个新的矩阵，大小为池化窗口的尺寸，即为 2×2。图 3-15 右侧矩阵即经过最大池化操作后的结果。同理，分别对每个 2×2 矩阵取平均值得到的新矩阵即为平均池化操作后的结果。

（4）全连接层。

全连接层主要用于综合卷积层和池化层的特征。由于卷积层和池化层都能够提取人脸的特征，因此经过多层的处理后，图像中的信息已经被提取成信息量更高的特征。这些特征通过全连接层后成为一幅图像信息的最终表达，并作为输入特征输入分类器中完成分类任务。全连接层是整个网络最难训练的部分，如果训练样本过少，则可能造成过拟合现象。因此，采用随机失活（Dropout）技术，抑制模型出现的过拟合现象。所谓随机失活是在学习过程中通过将隐藏层（一般为全连接层）的部分节点权重随机归零，从而降低节

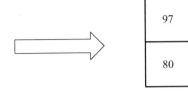

图 3-15 图像池化操作原理

点间的相互依赖性。

3.5 人脸分类识别方法

1. softmax

softmax 主要用于多分类问题，经过 softmax 输出的数据最终变成一个概率分布。假设卷积神经网络的输出为 x_1，x_2，$\cdots$，x_n，经过 softmax 处理后输出为

$$\text{softmax}(x) = x_i' = \frac{\text{e}^{x_i}}{\sum\limits_{j=1}^{n} \text{e}^{x_j}} \tag{3-7}$$

由式(3-7) 可知，对于输出 x，模型会给出每一种分类的概率值。经过 softmax 可以输出预测标签 x'，但卷积神经网络需经过训练才能达到较好的分类效果。因此对于网络训练需要选择合适的损失函数，计算式如下。

$$\text{loss} = -[x \cdot \ln(x')] \tag{3-8}$$

在卷积神经网络中，交叉熵函数通常作为损失函数来实现多分类问题。

2. 支持向量机

支持向量机最初由 Vapnik 及其同事开发。支持向量机具有较好的学习能力和较强的泛化能力，被用于预测分类和回归的监督学习，其主要目的是找到一个最佳的分类器函数，从两个不同的类中分离出两组数据。支持向量机将已知的样本数据从一个低维的空间投影到一个高维的空间，以找到一个最优分类超平面，使得平面上所有的数据能够很好地被分成两类，靠近超平面的一类数据称为支持向量。

（1）线性支持向量机。

图 3-16 所示为线性支持向量机最优分类图。图中共有两类数据，一类是"·"，代表类别为 1 的数据，另一类是"×"，代表类别为 −1 的数据。支持向量机的目标是找到一条使得两类样本间隔最大的边界线 L，并且使得两类数据的临界线与 L 平行。

假设存在一个样本集 $\{(x_i, y_i), i \in 1, 2, \cdots, N, x_i \in \mathbf{R}^n, y_i \in (-1, 1)\}$，$n$ 是 x_i 的

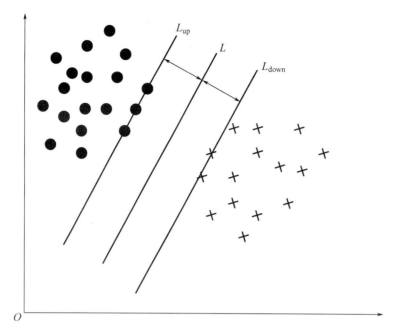

图 3-16　线性支持向量机最优分类图

维数，共有 N 个训练样本，那么空间中的所有样本点可表示为

$$y_i(w^{\mathrm{T}}x_i+b)-1\geqslant 0 \tag{3-9}$$

由式（3-9）可知，求解线性可分的分类问题可以转化为求 $\frac{1}{2}\|w\|^2$ $\frac{1}{2}(w^{\mathrm{T}}w)$ 的最小值问题，因此可以引入拉格朗日系数 α_i 构造一个拉格朗日函数。

$$L(w,b,\alpha)=\frac{1}{2}w^{\mathrm{T}}w-\sum_{i=1}^{N}\alpha_i\big[y_i(w^{\mathrm{T}}x_i+b-1)\big] \quad \alpha_i\geqslant 0 \tag{3-10}$$

为了求出式（3-10）的最小值，分别对 $L(w,b,\alpha)$ 的 w、b、α 求导并令它们的值为 0，得出式（3-11）。

$$\frac{\partial L(w,b,\alpha)}{\partial w}=0\Rightarrow\sum_{i=1}^{N}\alpha_i x_i y_i=0$$

$$\frac{\partial L(w,b,\alpha)}{\partial b}=0\Rightarrow\sum_{i=1}^{N}\alpha_i y_i=0 \tag{3-11}$$

$$\frac{\partial L(w,b,\alpha)}{\partial \alpha}=0\Rightarrow\alpha_i\big[y_i(w^{\mathrm{T}}x_i+b-1)\big]=0$$

形成以式（3-9）为条件的凸二次规划的对偶问题。

$$L(w,b,a)=\begin{cases} \max\sum_{i=1}^{N}\alpha_i-\frac{1}{2}\sum_{i=1}^{N}\sum_{j=1}^{N}\alpha_i\alpha_j y_i y_j(x_i^{\mathrm{T}}x_j) \\ a_i\geqslant 0 \quad i=1,2,\cdots,N \\ \text{s.t}\quad \sum_{i-1}^{N}\alpha_i y_i=0 \end{cases} \tag{3-12}$$

假设式(3-12)的最优解为(w^*, b^*, a^*)，则 $w^* = \sum\limits_{i=1}^{N} \alpha_i x_i y_i$ 是支持向量的线性组合。又因为 b^* 可由 $\alpha_i[y_i(w^\mathrm{T} x_i + b - 1)] = 0$ 约束条件求得，所以分类器的公式为

$$f(x) = \mathrm{sgn}[(w^*)^\mathrm{T} x + b^*] = \mathrm{sgn}\left[\sum_{i=1}^{N} \alpha_i^* y_i x_i^* x + b^*\right] \tag{3-13}$$

式中，$\mathrm{sgn}()$ 表示具有 3 个返回值 $\{1, 0, -1\}$ 的整型变量。式(3-13)是对所有的支持向量做加法运算。可以得出，一个训练样本中的支持向量是支持向量机的主要分类依据，如果训练样本存在差异，那么对应的最优分类超平面和支持向量也会产生偏差。

（2）非线性支持向量机。

线性支持向量机可以很好地解决线性分类问题，然而在日常生活中，多数问题都是非线性结构的，这时使用线性向量机就不能满足人们的需求了。如图 3-17 所示，利用支持向量机核函数可以解决非线性的问题，从而简化计算过程，降低高维空间中的维数，避免维度灾难现象。

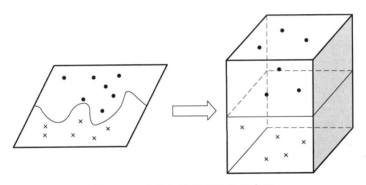

图 3-17 支持向量机核函数示意图

分类器的函数公式见式(3-13)。假设核函数为 $K = \varphi(x)$，代入式(3-13)，求得

$$f(x) = \mathrm{sgn}[(w^*)^\mathrm{T} x + b^*] = \mathrm{sgn}\left\{\sum_{i=1}^{N} \alpha_i^* y_i[\varphi(x_i)\varphi(x)] + b^*\right\} \tag{3-14}$$

由式(3-13)和式(3-14)可知，原式(3-13)中的内积 $x_i^* x$ 变成了 $\varphi(x_i)\varphi(x)$，因此如果存在式(3-15)就可以解决非线性的分类问题。

$$K(x_i, x_j) = \varphi(x_i)\varphi(x_j) \tag{3-15}$$

由泛函分析可知，只要存在一个 $K(x_i, x_j)$ 满足 Mercer 条件，那么式(3-15)就可以成立。因此，式(3-14)可转换成式(3-16)所示形式。

$$f(x) = \mathrm{sgn}[(w^*)^\mathrm{T} x + b^*] = \mathrm{sgn}\left[\sum_{i=1}^{N} \alpha_i^* y_i K(x_i, x) + b^*\right] \tag{3-16}$$

通过上述公式推导，选取合适的核函数可以让支持向量机对非线性的分类问题进行分类。常用的核函数有 4 种。

① 线性核，公式为

$$K(x_i, x) = x \cdot x_i \tag{3-17}$$

② 多项式核，公式为

$$K(x_i,x)=(x \cdot x_i+1)^q \qquad (3\text{-}18)$$

③ 高斯径向基核，公式为

$$K(x_i,x)=\exp\left(\frac{|x-x_2|^2}{\sigma^2}\right) \qquad (3\text{-}19)$$

④ Sigmoid 核，公式为

$$K(x_i,x)=\tanh[v(x \cdot x_i)+c] \qquad (3\text{-}20)$$

（3）多分类支持向量机。

在支持向量机中有两种方法可以解决人脸识别的多分类问题：一种是采用"一对一"策略；另一种是采用"一对多"策略。

所谓"一对一"策略就是用若干个分类器组合来解决多分类问题。通常采用二叉树结构或用投票机制来构造多类分类器。

图 3-18（a）所示为采用二叉树机制的"一对一"策略分类示意图；图 3-18（b）所示为采用投票机制的"一对一"策略分类示意图。假设需要分类的数据有 3 类，分别为 1、2、3。采用二叉树机制：首先对 1 和 3 分类；如果不是 1，就对 2 和 3 分类；如果不是 3，就对 1 和 2 分类；在二叉树的叶子节点得到分类的最终结果。

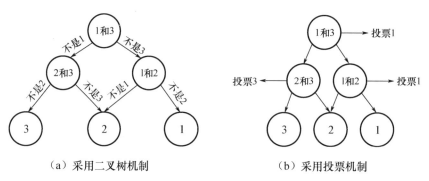

（a）采用二叉树机制　　　　　　　　　　　（b）采用投票机制

图 3-18 "一对一"策略分类示意图

所谓"一对多"策略就是分别把每一类样本作为一类，其余类的样本作为另一类进行分类。"一对多"策略示意图如图 3-19 所示。假设需要分类的数据有 3 类，分别为 1、2、3。首先将 1 作为一类，2、3 全部看作另一类进行分类；然后将 2 看作一类，3 看作另一类；最终得到分类结果。

3. 随机森林

2001 年，Breiman 等提出了随机森林（Random Forests）算法[28]。随机森林是一种集成学习方法，每个随机森林由多棵决策树构成。

随机森林的决策树一般采用分类回归树算法，采用随机有放回的方式从数据集中抽样来构成各棵决策树的训练集，并保证每棵决策树的训练集有所不同，这就是随机森林的 Bagging 思想。在训练每一棵决策树时，假设每个样本有 M 个特征，则随机选择其中 m 个特征进行训练，即稀疏特征。训练过程中，决策树内部节点的分裂可以依据信息增益来选择特征。

值得注意的是，决策树在训练时不需要采取剪枝操作。因为随机森林中包含了随机样本选择和随机特征选样两种"随机"思想,故不易陷入过拟合的陷阱。决策树之间使用投票表决法来构成分类随机森林的最终输出。

4.BP 神经网络

标准 BP(Back Propagation,反向传播)神经网络分为 3 层(图 3-20),即输入层、隐含层和输出层。记输入层神经元数为 I,隐含层神经元数为 H,输出层神经元数为 J。对于人脸类别数为 p 的人脸识别问题来说,网络输出层的神经元数 J 就取为人脸类别数 p,对于任意一个人脸测试图像,可根据网络输出层输出矢量的最大分量分类。人脸图像矢量的维数 N 通常比较大,而训练样本数 K 通常比较小,所以设计用于人脸识别的 BP 神经网络分类器比较困难。为了实现具有推广能力强的 BP 神经网络分类器,可以从特征压缩方面压缩输入矢量的维数,并适当地选择隐含层的神经元数。为了加快网络训练的收敛速度,可对输入矢量进行标准化处理,并给各连接权值适当地赋予初值。

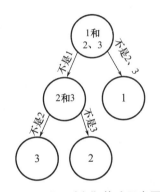

图 3-19 "一对多"策略示意图

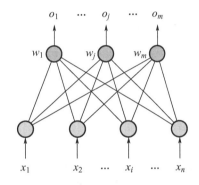

图 3-20 标准 BP 神经网络结构

BP 神经网络能够进行人脸识别的根本原因是其实现了一种特殊的非线性映射,将输入空间变换到输出空间,使得分类问题变得简单易行。利用 BP 神经网络进行特征提取和识别,具有识别速度快、识别率高、容错性好等特点,尤其适用于有噪声、有残缺和戴眼镜的人脸图像。

本 章 小 结

本章首先介绍了人脸识别的发展历史、人脸识别系统和人脸识别实验样本。然后介绍了研究人脸识别中存在的问题和重要的技术指标。最后重点介绍了人脸检测和定位,包括基于知识的人脸检测技术、基于模板匹配的人脸检测技术、基于统计的人脸检测技术;人脸特征提取方法,包括传统手工特征提取方法和基于深度学习的特征提取方法;人脸分类识别方法,包括 softmax、支持向量机、随机森林和 BP 神经森林。

扩展阅读:

1. 王文峰,李大湘,王栋,2018.人脸识别原理与实战[M].北京:电子工业出版社.

2. 熊欣,2018.人脸识别技术与应用[M].郑州:黄河水利出版社.

【知识扩展】
矩阵运算
与人脸识别

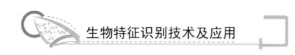

3. 张重生，2017. 刷脸背后：人脸检测　人脸识别　人脸检索 ［M］. 北京：电子工业出版社.

课 后 习 题

一、简答题

1. 人脸识别的主要目的是什么？

2. 目前人脸识别存在的问题有哪些？对于这些问题你有什么解决思路？

3. 人脸识别系统的基本流程是什么？

4. 简述支持向量机的基本原理。

二、填空题

1. 卷积神经网络具有＿＿＿＿＿＿、＿＿＿＿＿＿和＿＿＿＿＿＿的特点。

2. 一个典型的卷积神经网络主要由＿＿＿＿＿＿、＿＿＿＿＿＿、＿＿＿＿＿＿、＿＿＿＿＿＿、＿＿＿＿＿＿构成。

3. 卷积层是整个卷积神经网络的核心部分，其作用为＿＿＿＿＿＿和＿＿＿＿＿＿。

三、判断题

1. 卷积神经网络的输入层既可以输入单通道的黑白图像，也可以输入三通道的 RGB 图像。（　　　）

2. 在卷积操作过程中，对输入的矩阵不采取任何操作进行卷积处理，经过卷积操作后输出矩阵的大小不会发生改变。（　　　）

3. 在卷积神经网络中，为了抑制模型出现过拟合现象，通常采用随机失活技术。所谓随机失活是在学习过程中通过将隐藏层（一般为全连接层）的部分节点权重随机归零，从而降低节点间的相互依赖性。（　　　）

第4章
指纹识别

在生物特征识别领域，指纹作为人体独一无二的特征，具有可靠性高、方便、误判率低等特点。目前，众多自动指纹识别系统与产品已广泛应用于公安、医院、银行等领域。但指纹识别技术仍存在识别慢、检测易受干扰、对比算法不精准等问题。因此，亟须稳定性强、精准度高的指纹识别算法。同时，该技术研究涉及众多科学领域，包括图像处理、信号处理、模式识别、计算机视觉、计算机科学、应用数学等，而这些相关理论的发展也将促进指纹识别技术的进一步革新。

学习目标

➤ 了解指纹识别的发展历史、特点、流程；
➤ 理解指纹识别存在的问题及技术指标；
➤ 理解指纹特征的获取方法；
➤ 掌握指纹图像的预处理；
➤ 掌握指纹图像的特征提取及匹配。

学习任务

知识要点	能力要求	学习课时
指纹识别概述	(1) 了解指纹识别的发展历史 (2) 理解指纹识别的特点 (3) 掌握指纹识别流程	1 课时
指纹识别存在的问题与技术指标	(1) 理解指纹识别存在的问题 (2) 掌握指纹识别的技术指标	
指纹的特征	(1) 理解指纹采集技术 (2) 了解指纹 3 级特征 (3) 理解指纹特征的稳定性与独特性水平估计	1 课时
指纹图像的预处理	(1) 理解指纹图像的平滑处理 (2) 掌握指纹图像的二值化和细化	

续表

知识要点	能力要求	学习课时
指纹图像特征提取	（1）理解基于灰度图像的细节特征提取 （2）理解基于曲线的特征提取 （3）理解基于奇异点的特征提取	2 课时
指纹图像匹配	（1）理解基于曲线拟合指纹匹配算法 （2）掌握基于方向特征提取与匹配算法 （3）掌握基于特征点提取与匹配算法	

导入案例

2018 年 1 月 9 日，美国拉斯维加斯国际消费电子产品展（CES 2018）正式开幕，展会期间 vivo 带来了全球第一部可量产的屏幕指纹识别手机，受到广大参会者的关注。凭借独一无二的创新科技，vivo 屏幕指纹识别手机为追求领先科技的消费者带来前所未有的使用体验。它的特点是无须使用按键，直接用手指轻轻按压屏幕进行指纹解锁，这是全面屏时代智能手机最佳解锁方案。其原理：当手指接触屏幕时，OLED 屏幕发出的光线穿透盖板将指纹纹理照亮，指纹反射光线穿透屏幕到达传感器，最终形成指纹图像来进行识别，如图 4-1 所示。

指纹解锁和
指纹门禁识别

图 4-1　屏幕指纹识别手机

领克汽车打造的 05 车型在整个汽车行业首创应用了智能座舱系统（图 4-2），其指纹识别方案让人眼前一亮。该方案在智能汽车上的成功商用，为实现未来车联网的人车联动、一键身份鉴别、车载支付、指纹启动等智能汽车应用场景提供了技术支持，也意味着智能高效的未来出行方式离广大车主越来越近了。

轻触中控屏幕下方的指纹键识别身份，后视镜角度、座椅位置、灯光、空调、仪表显示、车辆安全与系统设置等即可自动同步至用户的习惯设定，省去烦琐的调整步骤，如图4-3所示。通过指纹验证，还可开启电子手套箱及后备箱私密锁，让用户的隐私和财物安全无虞。另外，它还支持多人个性化账户指纹登录，为私家车、公务车等多用户使用场景提供了便利。

图4-2 领克汽车智能座舱系统

图4-3 带有指纹识别功能

腾讯生物认证平台是腾讯于2015年开始制定的生物认证平台与标准，通过与厂商合作，目前已经在100余款、2.3亿部安卓设备上投入使用，并且这个数字还在快速增长。

目前，腾讯生物认证平台已经在微信指纹支付、微信公众号及小程序指纹授权接口等场景实现落地应用。微信开通指纹支付界面如图4-4所示。

‹ 开通指纹支付

图4-4 微信开通指纹支付界面

4.1 指纹识别概述

1. 指纹识别的发展历史

考古发现，早在约公元前6000年，在古希腊等地的一些黏土陶器上留有陶艺匠人的指纹。中国在2000多年前的秦朝就应用指纹来破案。

1684年，英国的指纹形态学家Grew发表了一篇论文，阐述了他对指纹的脊、谷和孔的系统研究结果，这是关于指纹研究的最早的一篇科学论文。从那时起，众多研究者投入了大量的精力致力于指纹和指纹识

古代指纹应用

别的研究中。1788 年，Mayer 给出了指纹关于解剖学形式的详细报告，其中定义了诸多指纹中脊的特征。1823 年，Purkinje 提出了最早的指纹分类方案，按照指纹中脊的外形将指纹分为九类。1880 年，Fauld 第一次提出了指纹唯一性猜想。这些理论发现建立了现代指纹身份验证技术的基础。在 19 世纪晚期，Galton 开展了关于指纹的广泛研究并引入指纹的细节特性作为指纹识别的依据[29]。

1892 年，Galton 出版了 *Fingerprints* 一书，确定了指纹的两个重要特点，即独特性和稳定性。独特性是指几乎没有两枚指纹的特征是完全相同的；稳定性是指从出生起，每个人的指纹形态都终生不变，除非手指受到严重的伤害。同时，这本书提出了第一个指纹分类系统。此书的出版标志着现代指纹学的建立。

Galton 同时提出了识别指纹时所应依据的特征，这些特征直到目前仍在使用，即细节点特征（Minutia，也称 Galton's Details）。Galton 起初将指纹粗分为 3 类，即箕形、斗形和弓形。对于十指指纹档案，Galton 按其类别进行分类排列，如 LLAWLLWWLL，以方便保存大量的指纹档案。随后，Galton 又对指纹的类型进行了细分。

1897 年 6 月，英属印度总督签署了一份决议，宣布指纹鉴定成为英属印度政府鉴定罪犯的官方标准手段。指纹系统在印度的使用获得成功后，引起了其他国家和地区使用指纹系统的兴趣。1901 年，英国政府决定在英国首都伦敦警务处总部建立指纹系统。从此，指纹系统在全世界得到了推广，成为一种被广泛接受的身份鉴别手段，普遍应用于刑事案件调查及罪犯鉴定。

至 1946 年，以美国联邦调查局为典型，其手工维护的指纹档案达到 1 亿份；1971 年，美国联邦调查局的指纹档案达到 2 亿份。这些档案中很多是重复的（同一人的多次捺印）。1999 年，美国联邦调查局决定，对于非犯罪人员的捺印，停止再建立新的纸质指纹档案，新捺印的指纹将保存在计算机系统中，即自动指纹识别系统。

20 世纪以后，随着指纹鉴定的普及和指纹档案的急剧增加，对指纹档案的自动化处理需求变得更加强烈。从 20 世纪 60 年代，一些国家（如美国、英国、法国等）开始了对自动指纹识别系统（Automatic Fingerprint Identification System，AFIS）的研制。20 世纪 70 年代以后逐渐出现了一些商业化系统，比较著名的如美国联邦调查局系统、De La Rue Printrac 系统、NEC 系统、Morpho 系统、Logica 系统及 Cogent 系统等。

我国对自动指纹识别系统的研究起步较晚，大约开始于 20 世纪 80 年代初，但也取得了令人瞩目的成就，如北京大学、清华大学、北京市刑科所及公安部第二研究所等都发表了大量的研究成果。比较出色的有北京大学的 Delta-S 系统、清华大学的 CAFIS 系统等。

这些自动指纹识别系统主要用于刑事犯罪调查，以大型指纹数据库和快速检索技术为特色。目前，典型的自动指纹识别系统可支持数千万人的指纹数据存储和快速检索。中国第二代身份证指纹采集如图 4-5 所示。

2012 年 7 月，快速身份识别在线（Fast Identity Online，FIDO）联盟成立，制定有关标准，将生物特征识别技术引入网络安全规范，以替代传统的密码技术。

2013 年，苹果公司推出带有指纹识别功能的智能手机，通过指纹识别支持手机解锁和电子支付，获得商业成功，带动了指纹识别技术在移动电子设备领域的迅速发展。

2001年，"9·11"恐怖袭击事件之后，指纹识别技术被广泛应用于反恐领域，如USVISIT、EUVISIT等项目。中国政府也在第二代身份证、电子护照等个人身份证件的制作和验证上采用了指纹识别技术（图4-5）。国际民航组织也有相关标准，规定旅行证件需采用生物特征识别技术验证持证人的真实身份。

图4-5 中国第二代身份证指纹采集

2. 指纹识别的特点

在所有的生物特征识别技术中，基于指纹的生物特征识别技术是应用最早的。指纹是指分布在人体手指表面凹凸不平的纹线，其结构在胎儿期形成，不仅与遗传因素有关，还受母体环境的影响。因此，即使是同卵双胞胎，其指纹也有明显的差异。

与一般的图像相比，指纹图像具有较强的纹理特性，通常由交替出现的、宽度大致相同的脊和谷组成，通过识别其中的脊末梢和分支点等特征，可以达到鉴别个人身份的目的。一般情况下，如果有多于12个特征完全匹配，则认为两枚指纹完全一致。

与其他生物特征识别技术相比，指纹识别技术具有以下优点。

（1）指纹具有唯一性和稳定性，不会随年龄的增长和身体健康状况的变化而变化。

（2）指纹采集设备种类繁多，并且价格低廉。

（3）已有标准的指纹样本库，便于识别系统的软件开发。

（4）一个人的十指指纹皆不相同，可以利用多个指纹构成多重口令，提高系统的安全性，而不增加系统的设计负担。

（5）指纹识别中使用的模板是由指纹图像中提取的关键特征构成的，这样使系统对指纹模板库的存储要求减小；另外，特征模板也大大减少了网络传输负担，便于通过指纹实现异地身份确认。

3. 指纹识别流程

自从第一台电子计算机于1946年在美国问世以来，图像处理技术得到了飞速发展，指纹识别技术也有了质的提升，逐渐形成了如图4-6所示的自动指纹识别流程，包括指纹信息录入和识别两个环节。在指纹信息录入环节：首先进行指纹图像采集，通过不同方法得到的指纹图像在形变、模糊程度上存在差异；随后进行图像增强，除去采集指纹图像的噪声、重叠等干扰；最后提取指纹图像特征并存储，以此作为身份鉴别的依据。在指纹特征识别环节：采集获取的指纹图像同样需要经过增强、特征提取步骤，最后判断所得特征信息与录入信息是否匹配。

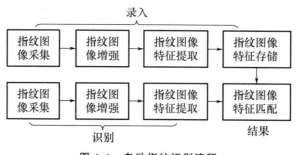

图 4-6　自动指纹识别流程

4.2　指纹识别存在的问题与技术指标

1. 指纹识别存在的问题

当前，尽管自动指纹识别技术研究取得了很大进展，已经有许多商用产品投入应用，但仍有诸多问题需要进一步研究和解决。指纹识别存在的具体问题和原因如表 4-1 所示。

表 4-1　指纹识别存在的具体问题和原因

问　题	原　因
指纹采集	当三维的指纹被指纹采集仪扫描成二维的数字图像时，会丢失一部分信息，手指划破、割伤、弄脏、不同干湿程度及不同的按压方式，会导致指纹图像的变化。所以采集指纹图像质量的好坏对指纹识别至关重要。系统需要质量更好的指纹采集仪，对于干、湿和脏手指都能采集到质量良好的图像。对手指的脱皮、刀口和伤疤也能有很好的适应性
指纹图像增强	当指纹图像噪声很大时，需要指纹图像增强算法来改善图像的质量，指纹增强通过恢复受损指纹图像其固有的纹线结构来提高图像的质量。但是设计一个能解决各种图像损坏的指纹增强算法是一件很困难的事情。而且即使设计出这种算法，也可能过于复杂，且识别时间较长而不能满足需要
指纹图像细化	对基于细节特征法的指纹识别技术来说，指纹图像的细化效果非常重要，现在还没有一种细化算法能将二值化后的指纹图像完全细化成单像素的细化图像，且不产生任何多余的伪细节点
指纹图像特征提取	在指纹图像特征提取的过程中，由于噪声的影响，很容易产生伪细节点或丢失真正的细节点，在指纹的受损区域，这种现象更为突出

续表

问　　题	原　　因
指纹注册	为了得到较好的识别率,在注册时需要获得良好的指纹图像,因为注册只进行一次,而后续的辨识是经常性的。一个较好的指纹识别系统应要求用户在登记指纹时多次输入指纹,将最佳的指纹图像或多次输入指纹的综合结果作为注册指纹。设计指纹系统时需多次取像得到一个确定的匹配,但该过程在降低了拒识率的同时,也提高了误识率。此处辨识不仅可以使用一个手指的指纹,而且可以使用两个或更多手指的指纹,以增强识别率,但也会浪费用户的时间。在个人指纹识别系统中,人们愿意等待的时间极限根据特定的应用而不同,这依赖于在处理的过程中人们正在做什么。例如,刷卡或输入 ID 号的过程,0.4～1.5s 被认为是可接受的时间;另外,由于拒识而重复的次数不应超过 3 次。为了尽可能获得高质量的指纹图像,系统可以提示用户手指该怎样放置
指纹系统反欺骗	在验证和辨识的过程中,正确地反馈信息是非常有用的。在指纹识别系统中反欺骗措施被用来处理人造指纹、死指纹和残留指纹的情况。 　　(1) 残留指纹。残留指纹是指皮肤油脂或其他原因残留在传感器上的印记。传感器应建立反欺骗对策,使之有能力识别真实的皮肤温度、阻力或电容。 　　(2) 冒名顶替指纹识别系统是为安全而考虑的。例如,节点模板数据库必须是安全的,以防止冒名顶替的人将自己的指纹存进数据库而成为合法的用户。指纹匹配的结果是"YES"或"NO",以此获得访问权。如果有人简单地绕过指纹匹配而可以直接发送一个"YES",则系统不安全。该问题的解决方法是确保主机接收的识别结果来自真正的合法用户

　　总之,在一个完整的指纹识别系统中有许多问题值得考虑,解决好这些问题有助于成功建立有效的系统;相反,则有可能将高明的技术束之高阁,甚至导致应用系统的失败。

　　2. 评价指纹验证技术准确性的指标

　　评价指纹验证技术的准确性一般包含以下指标。

　　(1) 拒登率 (Failure to Enroll Rate,FTE),即拒绝建档的比率。

　　(2) 拒识率 (False Rejection Rate,FRR),即错误拒绝的比率。

　　(3) 误识率 (False Acceptance Rate,FAR),即错误接受的比率。

　　(4) 相等错误率 (Equal Error Rate,EER),FRR 和 FAR 相等时的值。

　　(5) FMR100:误识率为 1% 时的拒识率。

　　(6) FMR1000:误识率为 0.1% 时的拒识率。

　　(7) ZeroFMR:误识率为 0 时的拒识率。

　　尽管不少指纹验证技术的提供商宣称其产品的指标可达 FRR<0.01%,FAR<0.001%。但根据公开发表的学术论文和权威性测试,这样的指标实际上很难达到。

4.3　指纹的特征

1. 指纹图像的采集

指纹图像最初的采集方式是利用油墨和纸。在电子计算机出现之后，采集方式逐渐被光学、电容式传感器等取代。近年来，超声波、光学 3D、光学相干断层、射频等扫描技术不断引入，逐步提升了指纹图像的分辨率和质量，也更有利于提升计算机的处理效率。

（1）光学指纹采集技术。

伴随着电子计算机的出现，光学指纹采集技术改善了油墨方法获取指纹的不足，显著提升了资源利用率、识别效率、指纹信息存储及交互的便利性。由于在不同环境下精度需求的不同，光学指纹采集技术经历了单一棱镜光学全反射技术、光学 3D 指纹采集技术和光学相干断层扫描式指纹采集技术的发展。

① 单一棱镜光学全反射指纹采集技术。

20 世纪 90 年代初，随着个人计算机的普及和光学扫描技术的出现，Fielding 等在 1991 年提出基于单一棱镜光学全反射技术来采集指纹图像[30]，其原理如图 4-7 所示。具体方法是将 10mW 的氦-氖激光作为光源，通过电荷耦合式摄像头捕捉指纹图像，最后利用计算机进行图像匹配。光学指纹采集技术耐用性强，但有如下缺点：一是采集手指表面纹路信息时，灰尘和油脂对扫描质量影响大；二是无法对人造指模进行辨识；三是光学扫描设备耗电量高。

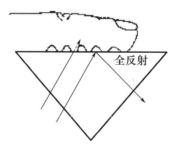

图 4-7　基于单一棱镜光学全反射技术采集指纹图像的原理

小知识：指纹膜就是克隆指纹，又称指纹套，用指纹按在类似橡皮泥的物质上制造带有指纹的模具，然后将硅胶倒入后定型，经过简单的拓印、倒模工序后制成。用硅胶制成的指纹套可以以假乱真，骗过打卡机的"光眼"。

② 光学 3D 指纹采集技术。

进入 21 世纪，传统光学指纹采集技术在银行、监狱等高安全级别环境下的利用率下降。Parziale 等在 2005 年首先提出了一种非接触式 3D 指纹采集设备[31]，如图 4-8 所示。

由图 4-8 可见，16 个不同颜色的 LED 作为光源环绕在手指周围，保证手指指纹有效部位整体均匀受光，5 个摄像头采集指纹信息（3 号摄像头用于定位指纹中心区域），利用 3D 重建算法在计算机中重现指纹特征。特征点信息分别用三维坐标（x，y，z）、仰角（φ），以及仰角在 xy 平面投影与 x 轴的夹角（θ）表示并存储。结果显示，采集的指纹图

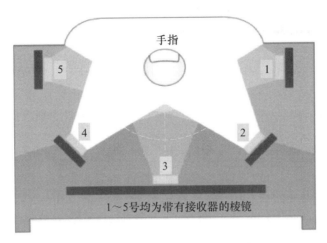

图 4-8　非接触式 3D 指纹采集设备

像精度在 500～700dpi（dots per inch，每英寸点数），且绿色光对于过干或过湿手指的指纹细节采集能力较强。

③ 光学相干断层扫描式指纹采集技术。

2010 年，德国启动 OCT-Finger 项目，引入光学相干断层扫描（Optical Coherence Tomography，OCT）技术，提高了指纹图像精确度。OCT 技术不仅可以扫描获得指纹表面的纹路信息，更重要的是能够深入表皮 2～3 mm 捕捉手指真皮层信息。Sousedik 等对项目中的 OCT 扫描质量进行了评估：如图 4-9 所示，波长为 (1300 ± 55)nm 的光束扫描长、宽、高分别为 4mm、4mm、2.5mm 的空间体积，最终转换显示（$200 \times 200 \times 512$）体素的图像，平均采集时间为 2.24s[32]。针对混杂有活体指纹、尸体指纹，以及利用明胶、硅树脂、乳胶、木胶、甘油、石墨等不同材料制作的 9 类人造指模的指纹样本，能够获得手指内、外部指纹信息。OCT 技术重建一张（2×2）cm² 大小的图像需占用计算机 1GB 的内存，因此数据库的建立及数据的压缩是该项技术未来的研究方向。

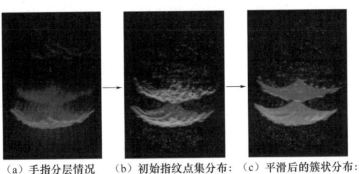

指纹层模型

（a）手指分层情况　（b）初始指纹点集分布：　（c）平滑后的簇状分布：
　　　　　　　　　　黄色(手指外层)　　　　红色(手指外层)
　　　　　　　　　　浅蓝(手指内层)　　　　蓝色(手指内层)

图 4-9　指纹层模型

小知识：光学相干断层扫描技术是近些年迅速发展起来的一种成像技术，它利用弱相干光干涉仪的基本原理，通过检测生物组织不同深度层面对入射弱相干光的背向反射和散射信号，得到生物组织二维或三维结构图像。

（2）电容式传感器指纹采集技术。

随着半导体技术的进步，Tartagni 等在 20 世纪 90 年代末提出了一种基于 CMOS（Complementary Metal Oxide Semiconductor，互补金属氧化物半导体器件）集成技术的电容式指纹采集传感器[33]，其原理如图 4-10 所示。这种指纹识别设备将手指作为电容的另一个极板，由换流器改变输出电压的大小，通过反馈电容变化间接采集指纹信息，获得指纹图像的分辨率为 390dpi。Hashido 等引入了一种新的材料——低温多晶硅（Low-Temperature Poly-Si）[34]，这种物质在液晶显示技术中尤为重要，目前被广泛应用于数码设备取景器。低温多晶硅的优点：一是能够在钠碱玻璃基板（Soda Glass Substrate）上制作集成电路，比用纯硅晶体板作为传感器衬底更节省成本；二是可提高图像分辨率，使其达到 500dpi。

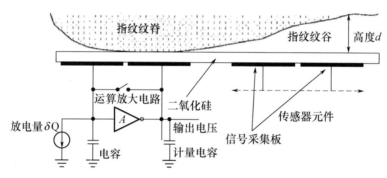

图 4-10　电容式指纹采集传感器原理

近年来，随着电容式指纹采集传感器制作成本的降低，基于电容式传感器的指纹识别技术在移动设备中逐渐得到应用。

苹果公司旗下的子公司 AuthenTec 生产了主动按压式指纹传感器，在 iPhone 系列中得到了应用[35-38]。瑞典 FPC 公司的被动触摸式指纹识别技术，应用于华为公司的 Mate 系列、OPPO 公司的 N 系列手机[39-41]。这两家公司的技术（主动或被动）区别在于：是否需要按下相关按键进行指纹识别解锁屏幕。

三星集团指纹传感器供应商 Validity 公司（目前被 Synaptics 公司收购）同样采用电容式传感器采集指纹图像[42-44]，但为了躲避 iPhone 系列主动按压式指纹识别技术的专利壁垒，Galaxy 系列部分机型采取滑擦式指纹采集方法[45]。

（3）温度传感器指纹采集技术。

Han 等设计了一种高密度微型加热元件阵列，通过比较纹脊和纹谷处的温度差异来采集指纹图像。加热元件释放的热量在纹脊处因与皮肤接触进入人体，而由于二氧化硅衬底的隔热效果，热量在纹谷处得以聚集，短时间内温度上升更快，其原理如图 4-11 所示[46-47]。

温度传感器能够制成集成芯片，具有便携性强、不受环境光强度干扰的优点。它的缺点是：当指纹采集失败时，多次接触后的手指温度会上升，导致纹脊和纹谷处温度差异减

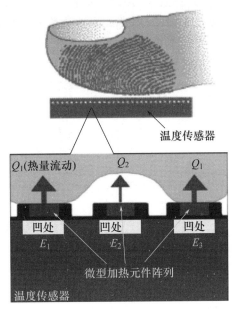

温度传感器

Q_1(热量流动) Q_2 Q_1

凹处 凹处 凹处
E_1 E_2 E_3

微型加热元件阵列

温度传感器

图 4-11 温度传感器指纹采集技术原理

小，从而降低了系统灵敏度。

（4）超声波指纹采集技术。

1999 年，Bicz 等提出了一种基于超声波的指纹图像采集方式[48]。这种采集方式是采用 6MHz 超声探头［图 4-12(a)］，利用超声波的反射和衍射特性来捕捉超声信号脉冲响应，完成图形重建图［4-12(b)］。它的优点包括：可以控制声波频率，图像的分辨率有一个高动态范围（High Dynamic Range，HDR），适用于不同场合；超声波指纹识别技术不受指纹表面的杂物影响，通过穿透死皮层来体现真皮层的指纹纹路结构，可信度更高。它的缺点包括：造价昂贵，对超声波发生设备要求高；需要准确控制声波频率。

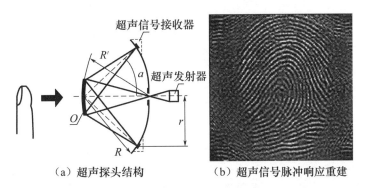

（a）超声探头结构　　（b）超声信号脉冲响应重建

图 4-12 基于超声波的指纹图像采集方式

随着 3D 成像技术的成熟，科学家们提出了一种融合超声波技术的 3D 指纹采集方法。2009 年，Maeva 等设计了一种 3D 超声波指纹采集装置，分辨率为 $15\mu m$[49]，如图 4-13

所示。探头采集指纹表面反射的短脉冲超声信号，图像分辨率约为 1000dpi。相比光学及基于电容式传感器的指纹采集技术，3D 超声波指纹采集技术的优点在于：手指处于自然舒张状态，没有因按压导致指纹的变形。其缺点在于：超声探头造价昂贵；3D 指纹信息存储量大，对数据库的存储和筛查要求高。

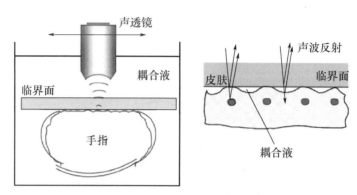

图 4-13　3D 超声波指纹采集装置

（5）电磁波指纹采集技术。

Chan 等设计了一款名为 TruePrint 的指纹扫描仪，可利用射频信号的穿透性检测手指真皮层的信息[50]，其工作原理如图 4-14 所示。射频信号是一种高频交流变化的电磁波，由于电导系数不同，射频信号在手指与传感器阵列的空隙间会形成电场，电场强弱即代表手指纹路的信息。电导系数能够决定电磁波的传播方向，因此使用射频技术的优点是可以进行活体身份鉴别；缺点是扫描与人真皮层电导系数相近的材料制成的指模时分辨力会下降。

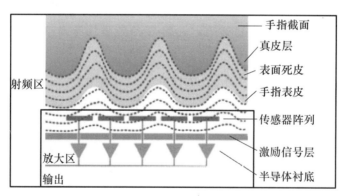

图 4-14　TruePrint 指纹扫描仪的工作原理

指纹图像的质量随着采集技术的更新不断提高，每种方法都有其相应的优缺点。

光学指纹采集技术的出现，弥补了油墨方法采集指纹信息在资源利用率、识别效率、指纹信息存储及指纹信息交互便利性等方面的不足，但存在体积过大、无法微型化的缺陷。

电容式传感器与温度传感器指纹采集技术的优点是缩小了体积，为便携式设备集成自动指纹识别系统提供了条件；缺点是人体与设备直接接触会引起误差。

了解指纹

超声波、射频等技术的融合，使得指纹识别技术能够调整图像的分辨率，从而适应不同场合的需求，但成本会相应提高。

2. 指纹的 3 级特征

指纹的 3 级特征，如图 4-15 所示。

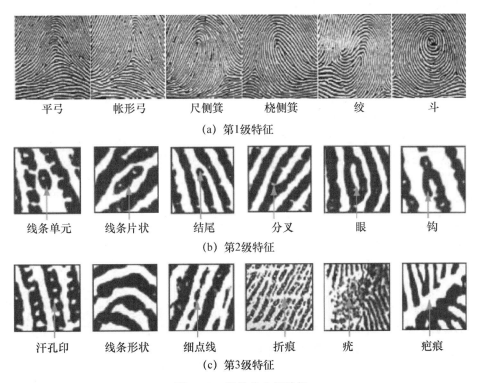

平弓　　帐形弓　　尺侧箕　　桡侧箕　　绞　　斗
(a) 第1级特征

线条单元　线条片状　结尾　分叉　眼　钩
(b) 第2级特征

汗孔印　线条形状　细点线　折痕　疣　疤痕
(c) 第3级特征

图 4-15　指纹的 3 级特征

第 1 级特征是指纹的纹型，如箕、斗等。在大型指纹识别系统中纹型分类被用于提高指纹检索的速度。

Galton-Henry 分类法将指纹分为五大类型，即平弓（Plain Arch）、帐形弓（Tented Arch）、桡侧箕（又称反箕，Radial Loop）、尺侧箕（又称正箕，Ulnar Loop）、斗（又称螺，Whorl）。其中，斗又分为标准斗（Plain Whorl）、囊（Central Pocket Loop）、绞（Double Loop）、偏（Lateral Pocket Loop）、杂（Accidental Whorl）等。美国联邦调查局主要采用 Galton-Henry 分类法。

第 2 级特征是指纹的细节点，即端点、分叉点等，端点是一条纹线终止的地方，分叉点则是 1 条纹线分裂成 2 条纹线的地方。端点和分叉点是最常用的细节点特征。自动指纹识别系统中常记录其位置和方向，基于这些信息进行匹配。

第 3 级特征是指纹纹线上的汗孔、纹线形态、早生纹线及疤痕等。第 3 级特征更为细致，但稳定性不如第 2 级特征。近年来，随着小尺寸指纹采集器的普遍应用，基于 3 级特征的指纹识别越来越多地受到重视。

有证据表明，指纹纹型的分布与遗传相关，直系亲属的指纹纹型分布有较高的相关

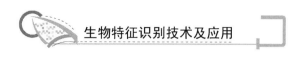

性，不同种族各指纹纹型出现的概率是不一样的。基因对指纹的影响主要体现在指纹纹型上。

对于第 2 级特征和第 3 级特征，则具有很强的随机性。即使对于同卵双胞胎，其细节点的分布也具有极强的随机性，一般取决于发育过程中的随机因素。

3. 指纹特征的稳定性与独特性水平估计

(1) 指纹特征的稳定性。

指纹的特征具有长期稳定性。指纹的稳定性主要来源于形成指纹皮肤的生理结构和生长机制。对指纹的长期观察也证明了这一点。

皮肤可以粗分为 2 层：表皮层（Epidermis）和真皮层（Dermis）。表皮层又细分为更多的层，其中与真皮层相接的层为生长层。

指纹纹线形成于生长层，其稳定性也取决于生长层。生长层从真皮层接受氧气和养料，进行生长和再生。新繁殖的细胞驱使老化的细胞逐渐离开生长层，趋向皮肤表面。在趋向皮肤表面的过程中它们逐渐角质化，一个新细胞大约需要 30 天到达皮肤表面。到达皮肤表面时它们已经死亡，将会脱落。

指纹的稳定性来源于这种再生、生长和迁移的循环。因此，除非皮肤的生长层遭到破坏，否则指纹的形态是稳定的。

(2) 指纹特征的独特性水平估计。

Galton 最早估计了指纹的独特性水平。他将指纹分为 24 个小块，且认为若给定某块周围块的形态，准确复现该块的概率为 1/2。同时，假设出现某种特定指纹纹型的概率为 1/16，则准确估计进入和离开某块的纹线个数的概率为 1/256。据此，Galton 估计每个指纹的独特性水平为 1.45×10^{-11}，即 2 枚指纹完全相同的概率小于 1.45×10^{-11}。

但实际上，自动指纹识别系统的准确率远远达不到以上的理论值，原因在于以下几点。

① 在自动指纹识别系统中，由于受到噪声的影响和算法水平的限制，总会产生伪特征点及真特征点丢失的现象，且指纹特征点的位置和方向也可能有误差。

② 自动指纹识别系统难以很好地恢复指纹图像中的非线性形变，则 2 枚指纹之间的对准会出现误差。

③ 自动指纹匹配时，仅按照编程者的设定来达到某种最优（如最大匹配的特征点数目），这种准则可能会造成虚假匹配。

④ 理论估计不够准确。实际上，准确地估计出指纹的独特性是一项非常困难的工作，需要诸多假设，而这些假设由个人的经验给出，存在很大差异。

但总体来讲，2 枚指纹完全相同的概率非常低。

4.4　指纹图像的预处理

指纹图像增强的目的：一是减小手指表面杂物、皮肤破损等引起的噪声干扰；二是增强指纹脊和谷的对比度。指纹图像增强技术是后续指纹特征提取的基础，对指纹图像的分类、识别有着重大影响。Jain 等指出，指纹识别技术中有 90％ 的能量消耗于图像处理[51]。图 4-16 列出了指纹图像算法架构，包括指纹图像平滑处理、指纹图像二值化和指纹图像细化。

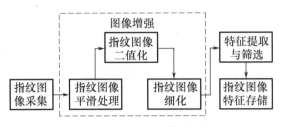

图 4-16 指纹图像算法架构

国内外许多学者针对指纹图像的特点提出了各种指纹图像的预处理方法。Mehtre 提出了计算指纹图像的方向图，该方向图代表了局部脊线的方向，利用方向信息，将脊线从背景中分离出来。Coetzee 通过先计算 Marr-Hildreth 边缘来获得脊线，计算出的边缘图像和原灰度图像结合在一起将指纹图像二值化，然后平滑滤波去除二值化图像中的噪声，最后细化。Xiao 等假设脊线的骨架已经从指纹灰度图像中提取出来，该算法针对如何确认伪细节，并用细节的结构化定义去除伪细节。Huang 通过量化脊线宽度来增强指纹图像，首先在局部区域用数学方法估计脊线方向，然后有方向性地增强脊线。刘元兵和李见为采用基于 Gabor 小波核心的算法对指纹图像进行预处理。蒋景英等结合遗传算法与方向图对指纹图像进行分割。陈昌、常亮提出了基于边缘检测技术的指纹图像预处理，首先采用基于 Gauss-Laplace 图像边缘检测技术来计算指纹脊线的方向，形成方向图，然后配合其他经典的预处理方法，形成一套完整的指纹预处理系统。施鹏飞采用基于神经网络的指纹预分类方法，提出利用关键点信息建立指纹模型，在此基础上设计适于模型的神经网络分类器，最终形成了指纹预处理分类系统。马君将小波变换技术运用到了指纹图像预处理中，采用小波分解与重构的方法对指纹图像进行小波压缩、去噪和增强处理。

1. 指纹图像平滑处理

指纹图像平滑处理主要用于消除来源途径多样的噪声，如静电或电流一类的外部干扰、因器材工作振动产生的内部噪声等。噪声产生的原因决定了噪声和图像有效信号间的关系。消除噪声的方法可归纳为时域滤波处理和频域滤波处理两类。

O'Gorman 等提出了一种滤波器参数的获得方法，通过测量指纹的脊线宽度极值 w_{min} 和 w_{max}、谷线宽度极值 $\overline{w}_{min}$ 和 $\overline{w}_{max}$、纹线曲率半径最小值 r_{min}，设计出水平方向的匹配滤波器掩码[52]。旋转相应的 Θ 角度，即可获得不同方向上的滤波器掩码，匹配滤波器滤波，如图 4-17 所示。该方法的优点是能够去除噪声；缺点是断续指纹连接不全、引入伪特征点。

在傅里叶空间中能较好地分辨出图像的高频（边缘、噪声等）和低频（图像主要信息）成分。Gabor 变换在 1946 年由 Gabor 提出，Gabor 小波的优点是与人类视觉系统中简单细胞的视觉刺激响应非常类似，对于图像的边缘敏感度高，因此 Gabor 滤波器在视觉领域中经常被用作图像的预处理[53]。近年来，不少研究人员对于传统 Gabor 滤波器做了不同的调整。其中 Jain 等在传统 Gabor 滤波器的基础上提出了一种图像增强方法，利用 Gabor 滤波器对局部（脊、谷）和全局（边缘）的信息具有较强捕捉能力的特征，设计了 Gabor 滤波器组进行指纹图像增强[54]。Gabor 滤波器组工作原理如图 4-18 所示。

（a）灰度变换后的指纹图像　　　（b）时域滤波+二值化后的指纹图像

图 4-17　匹配滤波器滤波后的图像

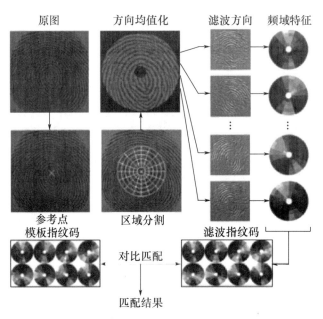

图 4-18　Gabor 滤波器组工作原理

Areekul 等提出了一种二维离散正交 Gabor 小波基，设计了 8 方向一维滤波器（图 4-19），同时与 Jain 等的工作进行实验对比[55]。实验将 FVC2000 _ DB2A 数据库中 800 幅分辨率为 500 dpi 的指纹图像作为检测依据，在平均处理时间、特征点比对、相等错误率三方面与 Gabor 滤波器组进行比较。结果显示：在假设 Gabor 滤波器组对于特征点的检测全部正确的情况下，8 方向一维滤波器虽有 22.942％特征点遗漏和 16.296％特征点误识，但处理时间仅是 Gabor 滤波器组的 38.15％，并且两者相等错误率相差小于 1％。可见，8 方向一维 Gabor 滤波器的突出优点在于运行速度快。

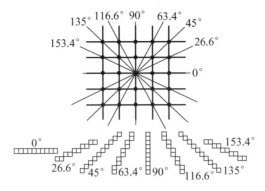

图 4-19　8 方向一维滤波器

2. 指纹图像二值化

指纹图像二值化的作用是将图像前景和背景分开，最早使用的方法是阈值法，包括全局阈值法和局部阈值法。全局阈值法适用于双峰性好的图像，在设定某一全局阈值 T 后，通过比较每一像素点或每一小块区域内平均灰度值与 T 的大小，区分图像前景和背景，该方法简单快捷。目前，常用的全局阈值法包括平均阈值法、Otsu 法（又称大津法、最大类间差法）和边缘算子法。平均阈值法是指纹图像经过图像预处理后，将图像中所有像素点灰度值的平均值作为阈值 T。该方法实现简便，计算速度较快，但是忽略了整幅图像像素点灰度值的分布情况。Otsu 法在平均阈值法的基础上，预先设定某一阈值 T，将图像分为两部分后，通过迭代计算，将两部分图像之间的类间方差达到最大时的 T 作为全局阈值。边缘算子法多用于指纹图像的断续拼接。

卞维新等利用局部阈值法，将图像分为互不重合的小区域，在计算区域内灰度平均值和分布特性的基础上，通过不同区域权重计算灰度阈值[56]。此方法将部分区域列为特殊区域处理，适用于突发噪声或背景灰度值突然变化等情况。其缺点为计算量大，运算速度较全局阈值法慢，在区域间会存在灰度值不连续的情况。Fei 提出了一种根据局部阈值进行图像二值化的混合算法，通过比较区域方向场的方差与预设阈值的大小，将指纹图像局部断裂处（即方向信息较少的区域）补全。局部阈值混合算法与其他方法处理结果对比如图 4-20 所示[57]。

（a）原图　　（b）方向场法二值图　（c）贝叶斯法二值图　（d）混合算法二值图

图 4-20　局部阈值混合算法与其他方法处理结果对比

3. 指纹图像细化

指纹图像细化的目的是获得清晰的单像素宽骨架结构。目前，常用的细化算法可依据是否使用迭代运算分为两类：非迭代算法通过一次删除即产生单像素宽骨架，如基于距离变换、游程长度编码细化等方法；迭代算法即重复筛选满足条件的像素点并删除，最终得到单像素宽骨架。迭代算法依据扫描原理可再分为串行算法和并行算法。在串行算法中，每次迭代的过程中需固定顺序删除像素点，它不仅取决于前次迭代的结果，也取决于本次迭代中已处理过像素点的分布情况；在并行算法中，则仅取决于前次迭代的结果进行像素点删除。

（a）原图　　（b）结果

图 4-21　模糊算法处理结果

对未进行细化处理的原图进行特征提取，纹脊宽度过大会造成特征点的定位失误。因此，在 2003 年，Vijayaprasad 等提出了一种模糊算法判定图像的有价值区域（图 4-21），为特征提取、边缘检测提供保障[58]。

根据图像具有旋转不变性这一特征，Ahmed 等提出了一组细化模板，通过匹配像素点在邻域内的像素分布，达到细化的效果[59]。Patil 等对此细化算法进行了改进，引入对角线法提高了细化的效果[60]。Patil 等对比 Hilditch 算法和 Ahmed 等所提出的算法，结果显示：Hilditch 算法的缺点在于细化后纹线不居中，以及端点位置改变；Ahmed 等提出的算法的缺点则是对图像噪声滤除不彻底，产生多个孤立点。Patil 等改进了算法，提高了 45°、135°位置的细化效果。各种细化算法处理结果对比如图 4-22 所示。

（a）原图　　（b）Hilditch细化算法　　（c）Ahmed等的细化算法　　（d）Patil等的细化算法

图 4-22　各种细化算法处理结果对比

4.5　指纹图像特征提取

1. 基于直接灰度的特征提取

基于直接灰度的特征提取方法无须对指纹灰度图像进行二值化，而是直接从指纹图像的灰度出发，通过分析指纹细节特征点处本身的拓扑变化来实现特征提取。

在增强与处理过程中得到指纹图像的方向图信息，方向是脊线的垂直方向，即脊线的横截面上，灰度分布会出现极大值和极小值，于是通过确定图像中灰度分布的局部极大值来确定脊线的位置，从而找到脊线上的特征点，如图 4-23 所示。

基于直接灰度的特征提取方法的算法描述如下。

（1）计算指纹图像的纹线法线方向直方图，得到指纹纹线的整体和局部走向。

（2）根据纹线法线方向直方图提供的方向信息，由起点出发，在该处的法线方向上，半个纹线周期内，寻找一个极大值点，作为新的出发点。

（3）从新的出发点出发，沿方向图的方向前进一步，然后沿法线的方向寻找极大值点，作为新的出发点。

（4）重复步骤（3），并且判断寻找到的新出发点是否为特征点。

（5）记录跟踪的折线，即得到指纹纹线的脊线。

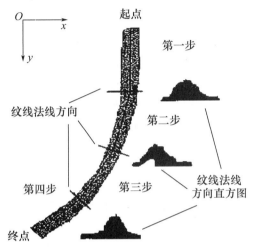

图 4-23　脊线跟踪提取到特征点

其中最关键的环节是如何设定跟踪终止的判据条件。将跟踪终止的判据设定如下。

（1）跟踪点已经接近或已经处于有效区域的边缘，这时跟踪停止，不产生任何特征点，只产生指纹纹线的脊线。

（2）跟踪点所处截面找不到局部极大值，这表明跟踪点已经离开脊线进入背景或谷线区域，这时产生一个末梢点。

（3）跟踪线和先前已经跟踪过了的脊线相交，这时跟踪应该停止，交点即为分叉点。

如果跟踪过程中出现跟踪脊线的角度偏转太大，这种情况往往表示跟踪出现了错误，因此应该停止跟踪，此时没有特征生成。

该方法需要图像具有良好的纹理性质，即要求噪声尽可能地小，否则会影响跟踪的质量，从而影响特征提取的效果，但对灰度的均匀和对比度要求相对较小。特征提取方法执行速度相对较慢，在极大值判断环节算法复杂度相对较高，但其提取的特征点中虚假细节点较少，后期处理环节相对容易。

2.基于曲线解析的特征提取

基于曲线解析的特征提取方法是由 Chong 等在 1992 年基于指纹图像的数据压缩问题提出的[61]。压缩原理即对一段多项式曲线，它只需存储系数和定义区间的端点，而指纹曲线的存储相比之下就相当于无穷多的量级。Michael 的设想是将指纹图像用若干个这样的 B 样条曲线表示出来，在数据压缩的同时提取特征。这一方法和 1984 年 Abdelmalek 提出的用线性函数解析表达纹线的方法[62]相比，具有形状多样、丰富、表达紧凑、可解析且局部稳定的特点。在最复杂的情况下，B样条是一些基本多项式函数的线性组合。这一方法的缺点是搜索时间长，对残缺和噪声图像适应性差。

指纹脊线的弯曲特性也是描述指纹的重要信息，每一条单独的指纹曲线的弯曲都是不规则的，但相邻的几条指纹曲线组成的指纹带的曲率变化却是有规律可循的。单段指纹曲线的曲率突变不敏感，只反映这个指纹带内所有脊线的共同弯曲特征，不同的指纹带反映了整个指纹的宏观弯曲性质。通过综合邻近几条指纹脊线的信息，提取一种能反映指纹宏观弯曲规律的特征。该特征描述了指纹脊线的弯曲规律，但其对噪声不敏感，可将其作为指纹识别的辅助特征。

基于曲线解析的特征提取算法分为选择兴趣区域、脊跟踪、曲线拟合、求取特征几步，目的是用一条曲线拟合搜索到的多条脊线中的点，然后提取这条曲线的特征。选择具有变化曲率的函数（如多项式函数、样条等）作为基函数，对搜索到的多条脊线中的点采用最小二乘原理进行曲线拟合。假设拟合曲线表示为 $Z = F(x, y)$，则曲线的方向角可表示为

$$\theta = \arctan(F'(z)) + \frac{\pi}{2} \tag{4-1}$$

曲线上一点 z_i 的曲率可表示为 z_i 和其相邻点上的方向角的变化

$$u_i = \theta_{i+1} - \theta_i \tag{4-2}$$

则这条拟合曲线上的最大曲率为 $u_k = \max(u_i)$，最大曲率位置 u_k 对应的点 z_k，即本次计算得到的特征点。该特征点可描述为一个三元组 $p(x, y, \theta)$，(x, y) 是特征点 P 的直角坐标，θ_i 是 P 点的方向。图 4-24(a) 所示为一次脊跟踪算法搜索到的一组脊线，图 4-24(b) 所示为对这组脊线进行曲线拟合的结果。

(a) 一次脊跟踪算法搜索到的一组脊线　　(b) 对图(a)脊线进行曲线拟合的结果

图 4-24　基于宏观曲率的特征提取方法

这种方法提取的特征反映的是指纹的宏观特性，其数目有限，两幅不同的指纹图像可能由于在宏观弯曲方面的相似而具有几乎相同的特征，因此不能作为指纹识别的唯一特征。这种特征的意义主要有两个：一是作为传统指纹特征的一个补充，提高指纹的识别效率和准确率；二是利用基于该特征的指纹分类方法对传统的每一类指纹进行细分，可以大大减少每类中的指纹图像数目，减小指纹匹配过程中搜索的样本范围，从而提高指纹识别的速度。

3. 基于奇异点的特征提取

指纹特征中的奇异点包括中心点和三角点，这种特征点之间的距离及脊线的数目一般

不会随图像变换、旋转、放大和缩小而改变。因此，往往利用这一特性来减少匹配时数据库的搜索空间。关于奇异点的提取，已经有许多的方法。Tou 和 Hankley 提出了检测模拟的无噪声指纹图像的中心点方法[63]。Srinivasan 和 Murthy 提出了在邻域中使用方向直方图的方法平均噪声，由于该方法是由邻域信息和方向直方图推导提取的特征单独点而不是由单个点得出的，因此该方法将允许容忍较大的噪声[64]。Hsieh 等提出了建立描述指纹图像的方向矩阵的方法，通过方向矩阵来提取模糊及污损指纹图像的中心点和三角点，并取得了较好的效果[65]。Koo 和 Kot 则提出了一种分析指纹图像脊的曲率方法，同时利用多分辨率分析的方法来消除噪声检测单独点，并取得了较高的准确率[66]。

利用类拐点特征向量和从类拐点中抽取出来的指纹核心点作为分类特征，以多层次树结构为分类策略，使不同类型的指纹在不同层次、不同特征空间都线性可分，从而分别获得最大的类间距离和最小的类内方差。在高维数比率样本测试条件下，分类的准确率达到 99% 以上，并且对低质量指纹图像具有良好的鲁棒性。

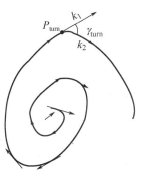

图 4-25 类拐点示意图

指纹的复杂性主要体现在模式区纹线方向的多变性和多分叉性，因此给出如下类拐点的定义：在指纹方向场中，纹线方向变化的临界点称为类拐点（Para-Inflexion），用 P_{turn} 表示；变化角的大小称为类拐角（Para-Corner），用 γ_{turn} 表示，如图 4-25 所示。依据类拐点两边纹线方向变化的方式，类拐角有 4 种形式（其中 k_1、k_2 分别表示经过 P_{turn} 前后跟踪点的斜率），如图 4-26 所示。

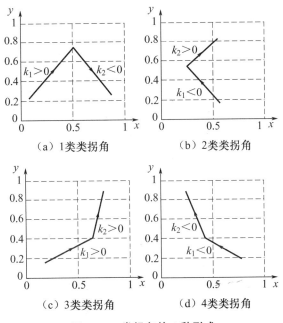

图 4-26 类拐角的 4 种形式

第 1 种形式：由 $k_1 > 0$ 至 $k_2 < 0$ 的方向变化角称为 1 类类拐角，用 γ_{turn1} 表示；变化的临界点即为 1 类类拐点，简称 1 类拐点，用 P_{turn1} 表示。

第 2 种形式：由 $k_1 < 0$ 至 $k_2 > 0$ 的方向变化角称为 2 类类拐角，用 γ_{turn2} 表示；变化的临界点即为 2 类类拐点，简称 2 类拐点，用 P_{turn2} 表示。

第 3 种形式：由 $k_1 > 0$ 至 $k_2 > 0$ 的方向变化角称为 3 类类拐角，用 γ_{turn3} 表示；变化的临界点即为 3 类类拐点，简称 3 类拐点，用 P_{turn3} 表示。

第 4 种形式：由 $k_1 < 0$ 至 $k_2 < 0$ 的方向变化角称为 4 类类拐角，用 γ_{turn4} 表示；变化的临界点即为 4 类类拐点，简称 4 类拐点，用 P_{turn4} 表示。

类拐点特征向量的提取是建立在纹线方向场检测的基础上。在特征提取过程中进行模式区纹线脊点跟踪，跟踪模式区中每条纹线上的每个脊点，显示并记录跟踪的轨迹，获取准确的指纹图形信息，计算指纹方向场中方向的变化量，提取类拐点特征向量和核心点。

4.6 指纹图像匹配

1. 基于曲线拟合技术的匹配

基于曲线拟合技术的匹配，实质是使用曲线拟合的方法，对各特征点所在的纹线进行曲线拟合，寻找拟合最好的一对纹线，以这对纹线上的特征点为参考点，计算两幅图像的相对旋转和平移参数，将待识别图像参照模板图像进行姿势校正，得到最终的匹配点数，给出匹配结果。

指纹纹线是一种曲线，如果两枚待匹配的指纹图像来自同一手指，那么对应的特征点所在的两条纹线就应该是同一条曲线，对这两条纹线进行曲线拟合，则这两条纹线的拟合效果良好。从算法的角度来看，将待识别图像中任一特征点所在纹线与模板图像中的所有特征点所在纹线进行拟合，计算各自的拟合度，真正匹配的两个特征点所在的纹线应该具有最大拟合度。从理论上讲，通过设置合适的阈值，就可以用这种方法确定匹配的一对特征点。

基于曲线拟合技术的匹配算法主要有以下 4 个步骤。

（1）纹线离散采样。要对纹线进行曲线拟合，首先就要对特征点所在纹线进行离散采样。选择比较孤立的纹线端点进行离散纹线采样。所谓孤立的纹线端点是指在该点周围的一定范围内，再没有其他纹线端点。

（2）参考点的初步确定。对符合条件的特征点所在纹线进行离散采样后，用曲线拟合技术确定参考点。将待识别图像中的所有采样纹线与模板图像中的所有采样纹线逐一进行曲线拟合，拟合度最好的一对或几对纹线所在的特征点作为初步确定的参考点。

（3）点模式匹配。基于其中一对参考点，使用点模式匹配算法计算待识别图像相对于模板图像的旋转和平移参数，并将待识别图像进行姿势纠正。

（4）统计匹配结果。基于其中一对参考点，给出匹配结果。

如果基于第一对参考点指纹匹配成功，则不再处理剩余参考点，直接给出匹配成功结论；否则，处理下一对参考点。如果基于所有得到的参考点都不能匹配成功，则给出两枚指纹不匹配的结论。

2. 基于方向场信息的匹配

指纹采集设备精确度和灵敏度的差异，会造成指纹图像残缺、连接不全等问题。方向场信息清晰地给出了指纹图像的纹脊和纹谷区域，是图像定向连接及分类匹配的依据。Soifer 在 1996 年提出了一种利用不同梯度方向比例进行指纹匹配的方法[67]。

基于像素点梯度方向场计算的指纹图像受噪声影响较大，所以基于像素块计算局部方向场的方法被较多使用[68-70]。Bazen 将两种方法对比，指出在图像块区域内点梯度方向直接加权平均，会使相反方向场抵消造成误差，因此在 Kass 加倍方向角的基础上，需要进一步计算梯度向量长度的平方，处理结果如图 4-27 所示。该方法的优点是能够获得高对比度的指纹方向场；缺点是计算像素点角度和梯向量长度信息时，计算量增加、时间增长。

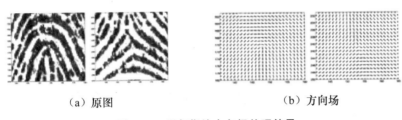

（a）原图　　　　　　　　　　　　（b）方向场

图 4-27　局部指纹方向场处理结果

利用匹配滤波器提取指纹方向场信息，其原理如下：一是根据滤波器和信号的相频特性，使信号中不同频率成分在滤波后同相叠加输出；二是根据信号的幅频特性，实现指纹点或块方向场的提取和自动分类等功能[71]。在此基础之上，Cai 等引入斐波那契数列作为滤波器参数选择，减少环境带来的影响[72]。近年来，不少研究在进行频域滤波处理时，都会利用 Radon 变换[73]、Haar 小波[74]等函数来捕捉图像方向细节信息。

此外，方向场所占比例也可以作为图像匹配的依据。Maio 等将感兴趣区域内各像素点方向场进行统计，将其所占比例作为图像匹配的依据[75]。依据方向场信息进行指纹匹配的处理过程如图 4-28 所示。

3. 基于特征点的匹配

Galton 提出了平弓、帐形弓、桡侧箕、尺侧箕和斗五大指纹纹型，沿用至今。而基于指纹图像方向提取的积累，Cappelli 等对指纹纹型进行了扩充，其指纹分类如图 4-29 所示。

但是，指纹纹型缺少一种国际化的标准。为了保证自动指纹识别系统的可靠性和效率，基于图像特征点的指纹匹配方法被提出。美国联邦调查局在 1984 年提出了 18 种指纹特征点类别，而为自动指纹识别系统特征提取及匹配所用的仅局限于 2 种指纹基本特征点：分叉点和端点，如图 4-30 所示。

结合 Jain 等在指纹图像预处理方面的研究成果，Ratha 利用 16×16 滤波算子提取方向场，通过两类特征点间纹线密度进行区域特征提取及匹配[76]。该方法将单一的点方向

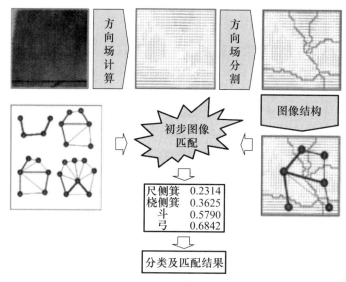

图 4-28　依据方向场信息进行指纹匹配的处理过程

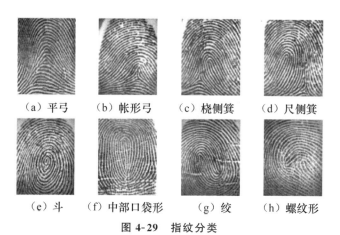

（a）平弓　　（b）帐形弓　　（c）桡侧箕　　（d）尺侧箕

（e）斗　（f）中部口袋形　　（g）绞　　（h）螺纹形

图 4-29　指纹分类

场信息结合，引入区域特征进行图像匹配。到了 21 世纪，Ren 等在研究区域特征的基础上，提出了一种利用特征簇内及簇间特征距离、方向信息进行图像匹配的方法[77]。该方法利用区域特征匹配的优势，对孤立的噪声点具有良好的滤除效果。

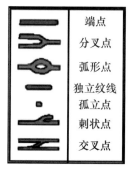

| 端点 |
| 分叉点 |
| 弧形点 |
| 独立纹线 |
| 孤立点 |
| 刺状点 |
| 交叉点 |

图 4-31　指纹特征模型补充

（a）分叉点　　（b）端点

图 4-30　指纹基本特征点

Palmer 等在分叉点和端点 2 种特征点基础之上，补充定义了 5 种新的特征点模型（图 4-31），利用 3×3 的滤波算子对预处理后的指纹骨架进行特征点提取，利用式（4-3）及表 4-2 进行筛选[78]。该方法的优点是通过阈值筛选查看特征点分布区域，去除伪特征点，进一步提取有效特征点。

$$CN = 0.5 \sum_{i=1}^{8} |P_i - P_{i+1}| \qquad (4-3)$$

式中，CN 为特征值；P_i 为 3×3 邻域内第 i 点灰度值。

表 4-2 计算结果与特征点对应类型

CN 值	特征点类型
0	孤立点
1	端点
2	连续点
3	分叉点
4	交叉点

此外，Mital 等根据参考点和特征点间的旋转不变性[79]，并以德洛内三角组结构作为依据[80]，为有残缺部分的指纹识别提供了一种方法[81]，如图 4-32 所示。

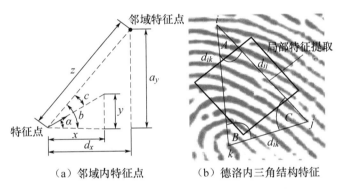

（a）邻域内特征点　　　　（b）德洛内三角结构特征

图 4-32 邻域内特征点和德洛内三角结构特征

图像特征提取能够利用形态学的方法，在二值图的基础上利用开运算去除随机噪声，利用闭运算删除边界像素点，提取骨架[82-85]。Kaur 等通过大量实验对匹配结果进行评估，最终获得平均误识率为 0%、平均拒识率低于 7% 的结果。形态学方法的引入，提高了二值图的处理效率，在选择不同邻域模板上具有很强的灵活性。

本 章 小 结

本章首先介绍了指纹识别的发展历史、指纹识别的特点和指纹识别系统；然后介绍了指纹识别中存在的问题和技术指标；最后重点介绍了指纹的特征（指纹图像的获取、指纹的 3 级特征、指纹特征的稳定性与独特性水平估计）、指纹图像的预处理（指纹图像平滑处理、指纹图像二值化、指纹图像细化）、指纹图像特征提取（基于直接灰度的特征提取、基于曲线的特征提取、基于奇异点的特征提取）、指纹图像匹配（基于曲线拟合技术的匹配、基于方向场信息的匹配、基于特征点的匹配）。

扩展阅读：

1. 刘宁，2015. 自动指纹识别系统关键技术 ［M］. 长春：吉林大学出版社 .

2. 杨小冬，2013. 自动指纹识别系统原理与实现 ［M］. 北京：科学出版社 .

3. 柴晓光，岑宝炽，2004. 民用指纹识别技术 ［M］. 北京：人民邮电出版社 .

课 后 习 题

一、简答题

1. 举例说明指纹识别存在的具体问题和原因。

2. 如何确定奇异点？

3. 分别指出指纹的整体特征和局部特征。

二、填空题

1. 在指纹的 3 级特征中，第 1 级特征是＿＿＿＿＿＿，第 2 级特征是＿＿＿＿＿＿，第 3 级特征是＿＿＿＿＿＿。

2. 指纹图像增强的主要步骤，包括指纹图像＿＿＿＿＿＿、指纹图像＿＿＿＿＿＿和指纹图像＿＿＿＿＿＿。

3. 基于曲线拟合技术的匹配算法主要有＿＿＿＿＿＿、＿＿＿＿＿＿、点模式匹配和＿＿＿＿＿＿这 4 个步骤。

三、判断题

1. 指纹识别的注册是指将个人指纹信息录入系统。录入的过程包括传感器采集、特征提取、存储等。（　　）

2. 指纹识别的验证是指采集指纹，提取特征并与系统内样本比对。（　　）

3. 指纹图像细化的目的是获得清晰的单像素宽骨架结构。（　　）

第5章
语音识别

语音识别技术的最终目标是让计算机能与人自由交谈。目前，连续语音识别技术正趋于成熟，语音识别也延伸出了诸多实用化的研究方向。今后，语音识别的重点将集中在口语语音识别与理解、实时语音识别和语音识别鲁棒性等方面。作为一门交叉学科，语音识别涉及的技术有信号处理、模式识别、概率论和信息论、发声机理、听觉机理和人工智能等。

学习目标

➤ 了解语音识别的发展历史、研究内容；
➤ 掌握语音识别系统；
➤ 掌握语音信号的预处理；
➤ 掌握语音的特征提取；
➤ 掌握语音识别的模型和训练。

学习任务

知识要点	能力要求	学习课时
语音识别概述	(1) 了解语音识别的发展历史 (2) 理解语音识别的热点与难点 (3) 掌握语音识别系统	2 课时
语音信号的预处理	(1) 理解语音信号模数转换和滤波 (2) 掌握语音信号预加重 (3) 掌握语音信号分帧加窗 (4) 掌握语音信号端点检测	

续表

知识要点	能力要求	学习课时
语音的特征提取	(1) 理解线性预测倒谱系数 (2) 掌握梅尔频率倒谱系数	
语音识别的模型	(1) 理解动态时间规整算法 (2) 掌握隐马尔可夫模型 (3) 了解人工神经网络	2 课时
语音识别的训练	(1) 理解偶然性训练法 (2) 掌握鲁棒性训练法 (3) 理解聚类训练法	

导入案例

语音识别技术让用户可对各类智能家居、智能机器人、智能可穿戴设备等进行语音控制，简单方便，能够营造舒适随心的生活环境。图 5-1 所示为家电语音助手。

语音识别
的应用

图 5-1　家电语音助手

2019 年 3 月 3 日，全球首位 AI 合成女主播（图 5-2）正式上岗新华社，引起了全球传媒业和人工智能领域的极大关注。新版的 AI 合成主播可以实现逼真的语音合成效果，让 AI 的声音更具有真实情感和表现力。在图像生成方面，新版的 AI 合成主播实现了更加逼真的表情生成、自然的肢体动作及嘴唇动作预测等能力，提升了合成主播的表现力。这标志了我国在这一领域的全球领先地位。

图 5-2　AI 合成女主播

微软公司于 2017 年 10 月发布了自己的语音虚拟助手 Cortana（图 5-3）。有 Cortana 支持的家庭扬声器和移动设备应用程序具有为用户提供提醒、保留笔记和清单、帮助管理日历等功能。

图 5-3　语音虚拟助手 Cortana

在名为 Invoke 的家庭扬声器上，Cortana 通过编程帮助用户进行语音控制音乐、排列播放列表、调高或调低音量、停止或开始曲目。但是，它仅支持 Spotify 的主要音乐流服务。微软公司表示，智能扬声器还可以协助用户解决各种问题，如拨打和接听 Skype 电话、查看最新新闻和天气等。

微软公司声称，在个人计算机上，Cortana（图 5-4）可以利用 Office 365、Outlook 和 Gmail 账户管理用户的电子邮件。微软公司表示，Cortana 的客户或技术合作伙伴包括 Domino、Spotify、Capital One、Philips 和 FitBit。

图 5-4　个人计算机端 Cortana

微软语音识别技术的核心是"语音转文本"技术，该技术可将音频流转录为文本。这与创建 Cortana、Office 和其他微软产品的技术相同。但微软表示，该服务可以识别语音的结尾，并提供格式化选项，包括大写和标点符号及语言翻译。

当 2011 年苹果公司将 Siri（图 5-5）首次集成到 iPhone 4 时，虚拟助手连接到了许多 Web 服务，并提供了语音驱动功能，如通过 Taxi Magic 预约出租车、从 StubHub 提取音乐会细节、从 Rotten Tomatoes 中查找电影评论、筛选 Yelp 中的餐厅数据。

如今，Siri 的功能包括翻译、播放歌曲、发送微博等。据苹果公司称，由于 Siri 具有机器学习功能，因此可以使用新命令对其进行编程。虽然 Siri 在 Google Assistant 和 Amazon Alexa 之前发布，但与市场上的其他技术相比，它在响应命令或问题时的准确性仍然令人担忧。

图 5-5　苹果 Siri 语音助手

5.1　语音识别概述

1. 语音识别的发展历史

国外从 20 世纪 50 年代初就开始研究语音识别技术，世界上最早能够识别语音的系统 Audry 是 1952 年贝尔实验室开发的，还有 1956 年普林斯顿大学 RCA 实验室开发的单音节词识别系统。早期的识别方法基本上都是用模拟电路实现待测语音和参考语音的运算关系[86]。

20 世纪 60 年代以后，各种语音识别的研究相继展开，RCA 实验室的研究成果解决了语音在时间标尺上的非均匀问题。1968 年，苏联科学家 Vintsvuk 首次将动态规划（Dynamic Programming，DP）算法应用于语音分析[87]。

20 世纪 70 年代，语音识别开始快速发展，研究重心是孤立词语音识别。动态时间规整（Dynamic Time Warping，DTW）技术搭配基于线性预测编码（Linear Predictive Coding，LPC）的谱系数提取，使得孤立词识别的效率大大提高。线性预测技术在语音识别领域从此得到广泛的应用，并且演化出多种线性预测参数形式和多种谱距离测度。比较有代表性的系统有卡内基梅隆大学的 Hearsay-II、IBM 的大词汇量自动语音听写系统和贝尔实验室的语音识别系统。

20 世纪 80 年代，语音识别研究进一步深入，连接词和大词汇量连续语音识别成为研究热点，统计模型取代模板匹配的方法成为主流。隐马尔可夫模型（Hidden Markov Model，HMM）成为大词汇量连续语音识别系统的基础[88]。结合矢量量化技术，卡内基梅隆大学于 1988 年开发了 SPHINX，这是世界上第一个非特定人大词汇量连续语音识别系统。SPHINX 能识别包括 997 个词汇的 4200 个连续语句，在语言复杂度为 60 且与环境匹配时，识别率达 94.7%；经过多次改进，其识别率可达 95.89%。

20 世纪 90 年代，随着信号特征的提取和优化技术、声学模型的细化、自然语言理解领域中语言模型的建立和解码搜索算法技术的不断成熟，出现了比较成功的大词汇量、连续语音识别系统，如 IBM 的 ViaVoice 系列、微软的 Whisper、卡内基梅隆大学的

SPHINX-II[89]。

虽然我国的语音识别研究比国外晚，但国家比较重视。国家"863计划"智能计算机主题专家组为语音识别技术专门立项，专家组每一到两年举行一次全国性的语音识别系统测试，其中具有代表性的研究单位为清华大学电子工程系与中国科学院自动化研究所模式识别国家重点实验室等[90,91]。目前，我国大词汇量连续语音识别系统的研究已和国外先进水平同步。

2. 语音识别的热点与难点

目前语音识别领域的研究热点包括稳健语音识别（识别的鲁棒性）、语音输入设备、声学HMM的细化、说话人自适应技术、大词汇量关键词识别、高效的识别（搜索）算法、可信度评测算法、ANN的应用、语言模型及深层次的自然语言理解。

目前语音人机交互痛点表现如图5-6所示。

图5-6 语音人机交互痛点表现

语音识别的难点，包括以下几个方面。

（1）语音识别系统的适应性差，主要体现在环境依赖性强。

（2）高噪声环境下语音识别进展困难，因为此时人的发音变化很大，如声音变高、语速变慢、音调及共振峰变化等，必须寻找新的信号分析处理方法。

（3）如何把语言学、生理学和心理学方面的知识量化及建模并有效用于语音识别，是目前的一个难点。

（4）由于我们对人类的听觉理解、知识积累和学习机制及大脑神经系统的控制机理等方面的认识尚不透彻，这将阻碍语音识别的进一步发展。

（5）不同人发出同一个音的语音信号差别很大。为了解决不同口音的语音识别问题，研究者采集了不同口音的普通话语音库，如广东口音、上海口音、福建口音、四川口音等；也有部分研究者在讲标准普通话的非特定人语音识别系统基础上进行口音修正。实际上，即使是标准普通话，发音差别也很大。例如，新闻联播播音员的语音信号互相之间也有明显的差异，即使同一个人在不同时间说同一句话也有较大差别。

（6）话筒和语音通道对语音信号的影响较大。话筒的型号、位置和方向对语音信号都有影响。对电话通信来说，不同的电话听筒对语音信号的影响很大；用同一话筒在计算机上演示的语音识别系统性能良好，但改到不同的线路中使用，性能明显下降。

（7）连续语音的发音随语境而变化。将连续语音切成单个音节时，与单个音节发音相比，语音会发生很大变化且随上下文不同而变化。因此，根据不同上下文用不同识别基元，可以提高识别率，从而出现连续语音识别、词识别和单音节识别。在连续语音识别中，识别基元可以是音节、声韵母和音素等；在词识别中，识别基元可以是词、音节、声韵母或音素。以词为识别基元时识别率高，以音节、声韵母或音素为识别基元时组词灵活性大。

（8）环境噪声使语音信号产生畸变。平稳噪声相对比较好处理，因为可以预先测量，比较容易去除。非平稳噪声比较棘手，特别是噪声与语音的强度相差不大时，识别率大幅度下降。人类具有将注意力集中在要听的声音上的能力，计算机就难以做到这一点。

3. 语音识别系统

一个典型的语音识别系统如图 5-7 所示。

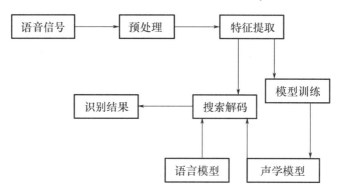

图 5-7 典型的语音识别系统

输入的语言信号首先要进行反混叠滤波、采样和模数（A/D）转换等数字化过程，然后进行预处理，包括预加重、加窗、分帧和端点检测等。

语音信号的特征参数主要有：短时能量 E_n，反映语音振幅或能量随着时间缓慢变化的规律；短时平均过零率 Z_n，对于离散信号来讲，即样本改变符号的次数，可粗略分辨清音和浊音；短时自相关函数，经过快速傅里叶变换（Fast Fourier Transform，FFT）或 LPC 运算得到的功率谱，再经过对数运算和傅里叶逆变换得到的倒谱参数；根据人耳听觉特性变换的梅尔线性预测系数等。通常识别参数可选择上面的某一种或几种的组合。

小知识：FFT 的基本思路是将原始的 N 点序列，依次分解成一系列的短序列。充分利用离散傅里叶变换（Discrete Fourier Transform，DFT）计算式中指数因子具有的对称性和周期性，进而求出短序列相应的离散傅里叶变换并进行适当组合，达到删除重复计算、减少乘法运算和简化结构的目的。

语音识别是语音识别系统最核心的部分，包括语音的声学模型（训练学习）与模式匹配（识别算法），以及相应的语言模型与语言处理两大部分。声学模型用于参数匹配，通常在模型训练阶段按照一定的准则，用语音特征参数表征的大量已知模式获取代表该模式本质特征的模型参数。在模式匹配时将输入的语音特征同声学模型（模式）根据一定准则进行匹配与比较，使未知模式与模型库中的某一个模型获得最佳匹配以得到最佳的识别结果。语言模型一般指在匹配搜索时用于字词和路径约束的语言规则，它包括由识别语音命令构成的语法网络或由统计方法构成的语言模型。语言处理则可以进行语法、语义分析。

声学模型是语音识别系统中的关键部分之一。目前最常用也最有效的几种声学识别模型包括动态时间规整（DTW）模型、隐马尔可大模型（HMM）和人工神经网络（ANN）

模型等。

DTW 模型是较早的一种模式匹配和模型训练技术，它把整个单词作为识别单元，在训练阶段将词汇表中每个词的特征矢量序列作为模板存入模板库；在识别阶段将待识别语音的特征矢量序列依次与库中的每个模板进行相似度比较，将相似度最高者作为识别结果输出。DTW 模型应用动态规划方法成功解决了语音信号特征参数序列时长不等的难题，在小词汇量、孤立词语音识别中获得了良好性能。但因其不适合连续语音大词汇量的语音识别系统，目前已逐渐被 HMM 和 ANN 模型替代。

HMM 是语音信号时变特征的有参表示法。它由相互关联的两个随机过程共同描述信号的统计特性，其中一个是隐蔽的（不可观测的）具有有限状态的马尔可夫链；另一个是与马尔可夫链的每一状态相关联的观察矢量的随机过程（可观测的）。HMM 很好地模拟了人的语言过程，目前应用十分广泛。HMM 的模型参数包括 HMM 拓扑结构（状态数目 N，状态之间的转移方向等）、每个状态可以观察到的符号数 M（符号集合 O）、状态转移概率 A 及描述观察符号统计特性的一组随机函数（由观察符号的概率分布 B 和初始状态概率分布 π 组成），因此一个 HMM 可以由 $\{N, M, A, B, \pi\}$ 来确定，对词汇表中的每一个词都要建立相应的 HMM。词 six 的 HMM 如图 5-8 所示。

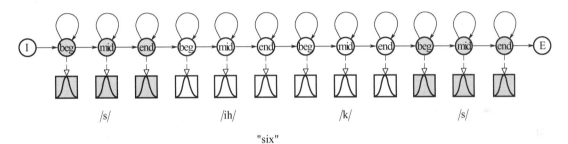

"six"

图 5-8　词 six 的 HMM

小知识：马尔可夫链可通过转移矩阵和转移图定义，除马尔可夫性外，还具有不可约性、重现性、周期性和遍历性。一个不可约和重现的马尔可夫链是严格平稳的马尔可夫链，拥有唯一的平稳分布。遍历马尔可夫链的极限分布收敛于其平稳分布。

5.2　语音信号的预处理

1. 语音信号模数转换和滤波

计算机分析人的语音，需将话筒中传来的语音信号转换成计算机所能处理的数字信号。根据奈奎斯特采样（Nyquist Sampling）定理，信号的采样频率只需大于等于信号带宽两倍以上（$f_x \geqslant 2f_m$），即可保证采集的信号不会丢失信息。模数转换前滤波的主要作用如下。

（1）高通滤波器抑制 50Hz 电源噪声干扰。

（2）低通滤波器滤除语音信号中频率分量超过采样频率一半的部分，防止采样信号混叠。

语音信号的音频范围在 20Hz 到 20kHz 之间，其中绝大部分能量是集中在 5.7kHz 以内。一般语音信号的采样频率为 10kHz 或 16kHz，这样做有损语音信号的清晰度，但也只是损失少数辅音，语音信号本身有较大的冗余度，少数辅音清晰度下降并不影响对语音的理解。例如，国际电信联盟制定的音频编码方式 G.711，采样频率为 8kHz，只利用了 3.4kHz 以内的语音信号。

2. 语音信号预加重

**语音信号
预加重代码**

语音产生的辐射模型中，由辐射所引起的能量损耗正比于辐射阻抗的实部，辐射模型是一阶高通滤波器结构，语音信号从嘴唇辐射后有 6dB/oct（倍频程）的衰减。因此，对语音信号进行分析之前，一般要增强语音信号。增强的方法有两种：一是模拟电路实现；二是数字电路实现。采用数字电路实现高频加重滤波器的形式为

$$Y(n) = X(n) - \alpha X(n-1) \tag{5-1}$$
$$H(z) = 1 - \alpha z^{-1} \tag{5-2}$$

式中，$X(n)$ 为原始信号序列；$Y(n)$ 为预加重后序列；α 为预加重系数，通常 α 取值 0.98 或 1.0。$H(z)$ 幅频特性和相频特性如图 5-9(a) 和图 (b) 所示。通过预加重滤波器后，语音信号的频谱变得平坦，在全频带范围内使频谱自适配归一化（Switchable Normalization，SN）。图 5-9(c) 和图 5-9(d) 分别是语音片段预加重前后的频域波形，可以看出，相对于低频段，高频段频谱得到明显的增强。

3. 语音信号分帧加窗

通常，采用一个长度有限的窗函数来截取语音信号形成分析帧，数学形式为

$$Q_n = \sum_{m=-\infty}^{\infty} T[x(m)]w(n-m) \tag{5-3}$$

式中，原始语音信号采样序列为 $x(m)$；移动窗为 $w(n-m)$；$T[\ ]$ 是对语音信号的某种变换，该变换可以是线性的，也可以是非线性的。例如，$T[\ ]$ 为 $x^2(m)$ 时，Q_n 相当于短时能量（抽样点仅为 n 个点）。

使用最多的分帧窗函数是矩形窗、海明窗（Hamming）和汉宁窗（Hanning）。窗函数越宽，对信号的平滑作用就越显著；窗函数过窄，对信号几乎没有任何平滑作用。语音信号加窗要求减小窗口两端的坡度，使窗口边缘两端不引起急剧变化而平滑过渡到零，截取的语音波形缓慢变为零，减小语音帧的截断效应。矩形窗的主瓣宽度最小，但其旁瓣高度最高；海明窗的主瓣宽度最宽，旁瓣高度最低。矩形窗的频域分辨能力最好，但旁瓣太高，会产生严重的泄漏现象，因此只在特殊场合使用；海明窗的旁瓣最低，可有效克服泄漏现象，具有更平滑的低通特性。

小知识：海明窗是余弦窗的一种，又称改进的升余弦窗。海明窗与汉宁窗都是余弦窗，只是加权系数不同。海明窗的加权系数能使旁瓣达到更小。分析表明，海明窗的第一旁瓣衰减为 42dB。海明窗的频谱由 3 个矩形窗的频谱合成，但其旁瓣衰减速度为 20dB/（10oct），比汉宁窗衰减速度慢。

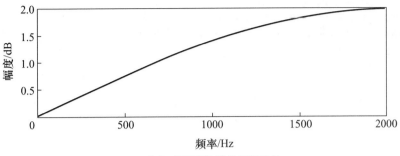

（a）高通滤波器的幅频特性

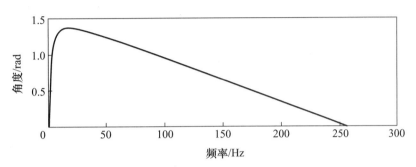

（b）高通滤波器的相频特性

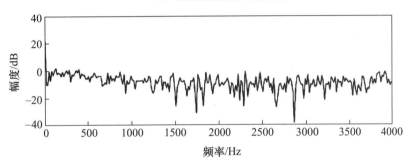

（c）预加重前的频域波形

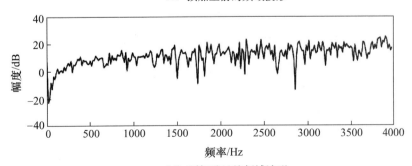

（d）预加重后的频域波形

图 5-9 语音信号预加重

4. 语音信号的端点检测

端点检测在语音识别中有着重要的作用，其目的是从语音信号中检测出语音信号段和噪声段。准确的端点检测不仅可以减少计算量，而且可以提高系统的识别率。目前端点检测的方法有很多，如基于双门限比较法的端点检测、基于滑动窗口的语音端点检测等。常用的端点检测是基于双门限比较法的端点检测，即根据语音信号的特征参数（能量和过零率）进行清音、浊音判断，从而完成端点检测。

语音信号的短时能量定义如下。

$$E_n = \sum_{m=-\infty}^{\infty} T[x(m)]w(n-m) = \sum_{m=-\infty}^{\infty} [x(m)w(n-m)]^2$$

$$= \sum_{m=n}^{n+N-1} x(m)^2 h(n-m) = x^2(n) * h(n) \tag{5-4}$$

式中，$h(n) = w(n)$ 为窗函数，n 为窗的长度；$*$ 为卷积符号。从能量上来讲，浊音的能量大于清音的能量，因此短时能量可用来判断清音和浊音，也可进一步进行有声和无声的判断，及连字分界的判断等。

语音信号的短时过零率定义如下。

$$Z_n = \sum_{m=-\infty}^{\infty} |\operatorname{sgn}[x(n)] - \operatorname{sgn}[x(n-1)]| \cdot w(n-m) \tag{5-5}$$

式中，sgn( ) 是符号函数。

$$\operatorname{sgn}(n) = \begin{cases} 1 & x(n) \geqslant 0 \\ 0 & x(n) < 0 \end{cases} \tag{5-6}$$

$$w(n) = \begin{cases} \dfrac{1}{2N} & 0 \leqslant n \leqslant N-1 \\ 0 & 其他 \end{cases} \tag{5-7}$$

过零率间接反映了语音的频谱特性，它把语音信号分成多个通道，因此可用过零率对语音信号进行频谱分析。

基于双门限比较法的端点检测，即通过语音信号的短时能量和过零率判断一段语音信号的端点。在检测的开始由于语音信号的能量会比较大，因此预先设置一个较大的门限 T_N 来确认语音已经开始，再取一个较低的门限 T_L 来确认语音真正的起点和终点。

5.3　语音的特征提取

1. 线性预测倒谱系数

声道模型是将人从喉到嘴唇这一段发音腔体用一系列截面积不同的均匀声道来模拟。根据声道的声学模型，利用物理学知识，生成的这段声道模型与信号处理中的全极点模型类似。因此，可以使用信号处理中已有的算法对其进行处理。在这个语音产生的声道模型中，语音中的浊音部分可以认为是由一连串有规律的周期信号（此周期与浊音的基音周期相吻合）来激励不同形状的声道模型而产生的；而清音部分则被认为是由一连串无规律的白噪声信号激励声道模型而产生的。因此，若能准确地估计出声道的形状或模型参数，就有望用此模型参数作为语音信号的特征来完成语音信号的识别任务。图 5-10 所示为语音的特征提取示意图。

在数字信号处理中，可以用 LPC 算法估计全极点模型的参数。线性预测是最佳线性向前一步预测，语音信号线性预测的基本思路是：语音信号的每个取样值都用它过去若干个取样值的加权和（线性组合）来表示；各加权系数的确定原则是使预测误差的均方值最小。

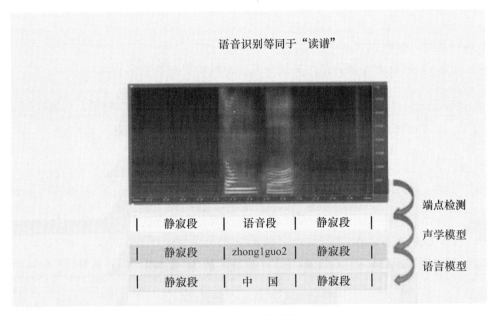

图 5-10 语音的特征提取示意图

在语音识别系统中，利用同态处理方法，通过对 LPC 系数求离散傅里叶变换后取对数，再求离散傅里叶逆变换得到线性预测倒谱系数（Linear Predictive Cepstral Coefficient，LPCC）。

2. 梅尔频率倒谱系数

梅尔频率倒谱系数（Mel-Frequency Cepstral Coefficient，MFCC）的提出是基于人的听觉模型。Mel 是音高单位，音高是一种主观心理量，是人类听觉系统对声音频率的感觉，近似公式可以表述为

$$\text{Mel}(f) \approx 2595 \cdot \log_{10}(1 + f/700) \tag{5-8}$$

式中，f 为实际频率。

根据生理学的研究结果，人耳对不同频率的声波有不同的听觉灵敏度，200Hz 到 5kHz 之间的语音信号对语音的清晰度影响最大。低音容易掩蔽高音，反之则难以掩蔽。低频段声音掩蔽的临界带宽较高频段要小，当两个频率相近的音调同时发出时，人只能听到一个音调。临界带宽是一种令人主观感觉发生突变的带宽边界，Mel 刻度是临界带宽的度量方法之一。据此，人们从低频到高频这一段频带内按临界带宽的大小，由密到稀安排

一组带通滤波器 $H_m(n)$ 对输入信号进行滤波。将每个带通滤波器输出的信号能量作为信号的基本特征。

因为标准 MFCC 参数仅反映语音参数的静态特性，而人耳对语音的动态特征更为敏感，所以通常通过计算差分倒谱系数来反映语音动态的变化。MFCC 特征参数计算的流程如下。

（1）假定已有一帧采样语音 $\{X_i\}_{i=1,2,\cdots,N}$，N 为帧长，对 $\{X_i\}_{i=1,2,\cdots,N}$ 加海明窗后作 N 点 FFT。将时域信号转化为频域分量 $\{X_i\}_{i=1,2,\cdots,N}$，取模的平方得到离散信号功率谱 $S(n)$。

（2）计算 $S(n)$ 通过带通滤波器组所得功率值，即计算 $S(n)$ 与 $H_m(n)$ 在各离散频率点上乘积之和，得到 M 个参数 P_j。

（3）计算 P_j 的自然对数，再用离散余弦变换将结果变换到倒谱域。

$$C_k = \sum_{j=1}^{24} \ln(P_j) \cos\left[k\left(j-\frac{1}{2}\right)\frac{\pi}{24}\right] \quad k=1,2,\cdots,P \tag{5-9}$$

式中，P 为 MFCC 参数的阶数，一般取 $P=12$。$\{C_k\}_{k=1,2,\cdots,12}$ 即为所求的 MFCC 参数。

对倒谱系数进行加权，即带通倒滤波 $\hat{C}_k = w_k C_k$。倒谱权重公式如下。

$$\Delta C(n) = \frac{1}{\sqrt{\sum_{i=-k}^{k} i^2}} \cdot \sum_{i=-k}^{k} i \cdot C(n+i) \quad 1 \leqslant n \leqslant P \tag{5-10}$$

计算语音动态差分倒谱，k 为常数，通常取 2。

（4）提取的特征参数为 24 维的特征矢量，包括 12 维 MFCC 参数和 12 维一阶差分 MFCC 参数，交付下一级语音训练或识别。

5.4 语音识别的声学模型

1. 传统的语音识别声学模型

（1）动态时间规整算法。

模板匹配法是多维模式识别系统中最常用的一种相似度计算方法，也是最早用于语音识别的方法。在训练过程中，经过特征提取和特征维数的压缩，针对每个模式类各产生一个或几个模板；识别阶段将待识别模式的特征矢量与各模板进行相似度计算，然后判别它属于哪个类。这种方法采用非线性时间对准算法，解决了发音长短不一的问题，常用的是基于最近邻原则的 DTW 算法，也是效果最好的一种非线性时间规整模板匹配算法，在孤立词语音识别中获得了成功的应用。DTW 算法与 HMM 在相同环境条件下，识别效果相差不大，但是 DTW 算法处理的数据量小，分析速度快。

DTW 算法将发音在时间轴进行弯曲，以使两次发音能够更好地匹配。假设测试模板为 $T(1,2,\cdots,N)$，参考模板为 $R(1,2,\cdots,M)$，其相似度用距离 $D[T,R]$ 来表示，假设 n 和 m 分别是 T 和 R 中任意选择的帧号，$D[T(n),R(m)]$ 表示两帧之间的距离。在 DTW 算法中通常采用欧氏距离，距离越小，相似度越高。

若 $N=M$，则可以直接计算，否则要将 $T(n)$ 和 $R(m)$ 对齐，对齐采用线性扩张的方法；如果 $N<M$，可以将 T 线性映射为一个 M 帧的序列，再计算它与 $R\{R(1)$, $R(2)$, $\cdots$, $R(M)\}$ 之间的距离，但这样计算没有考虑语音中各个段在不同情况下的持续时间产生的变化，因此识别效果较差，更多情况下是采用动态规划算法。动态规划算法就是要寻找一个最佳的时间规整函数，使被测语音模板的时间轴非线性地映射到参考模板的时间轴上，使总的累积失真量最小。

（2）隐马尔可夫模型。

HMM 是语音信号时变特征的有参表示法。它由相互关联的两个随机过程共同描述信号的统计特性，其中一个是隐蔽的（不可观测的）具有有限状态的马尔可夫链；另一个是与马尔可夫链的每一状态相关联的观察矢量的随机过程（可观测的）。隐马尔可夫链的特征要靠可观测到的信号特征揭示。这样，语音等时变信号某一段的特征就由对应状态观察符号的随机过程描述，而信号随时间的变化由隐马尔可夫链的转移概率描述，HMM 在某状态 j 下对应的观察值可由一组概率 b_{jk}（$k=1$, 2, $\cdots$, M）描述，它是 M 个离散可数的观察值中的一个，因而称为离散 HMM。当观察值为一个连续的随机变量 X，其在状态 j 下对应的观察值由一个观察概率密度函数 $b_j(X)$ 表示，即连续 HMM。连续 HMM 用 Baum-Welch 算法估计模型参数时，虽然在估计 π、A 参数时适用，但在估计描述 $b_j(X)$ 的参数时，必须对 $b_j(X)$ 加以一定的限制才能成立。目前采用最广泛的是高斯型 $b_j(X)$，可用下面的公式表示。

$$b_j(X) = \sum_{k=1}^{K} c_{jk} b_{jk}(X) = \sum_{k=1}^{K} c_{jk} N(X, \mu_{jk}, \sum_{jk}) \quad 1 \leqslant j \leqslant N \qquad (5\text{-}11)$$

式中，$N(X, \mu_{jk}, \sum_{jk})$ 为多维高斯概率函数，μ_{jk} 为均值矢量，$\sum_{jk}$ 为方差矩阵。K 为 $b_j(X)$ 的混合概率个数，c_{jk} 为组合系数，且

$$\sum_{k=1}^{K} c_{jk} = 1 \qquad (5\text{-}12)$$

语音识别的核心是声学模型和语言模型模式匹配的过程。为了便于理解 HMM，下面通过一个例子简单介绍模式匹配的原理。

小明是一名在深圳工作的算法工程师，他有个习惯是每天都会通过女朋友的朋友圈了解她的活动，另一个假设是他从来不看天气预报。他的女朋友在北京上学，每天都会根据北京当天的天气状况来规划自己当天的活动。为了简化这个模型，规定她只有购物、散步和宅在宿舍这 3 种活动，同时再假设他的女朋友每天都会通过朋友圈晒自己的活动（图 5-11）。

根据故事背景介绍，可抽象出一个 HMM，如图 5-12 所示。虚线以上是可观察状态，小明通过朋友圈能够看到他女朋友是购物、散步还是宅在宿舍；虚线以下是隐藏状态，是小明无法直接观测到的，但是根据经验可以知道，北京当天的天气状况会影响他女朋友的活动。

这里再做一系列的假设，如果当天是多云天气，他女朋友去购物的概率是 0.3、散步的概率是 0.1，宅在宿舍的概率是 0.6。又认为第一天和第二天的天气之间有一定的关联，也就是有概率转化的关系，最终可以得到如图 5-12 所示的整个假设条件，即最终的 HMM。

小明的女朋友在北京上学
每天会根据天气情况规划相应的活动
（购物、散步、宅在宿舍）
每天都在朋友圈晒自己的活动

小明是算法工程师
在深圳工作
每天通过朋友圈了解女朋友的活动
从来不看天气预报

图 5-11　算法用例

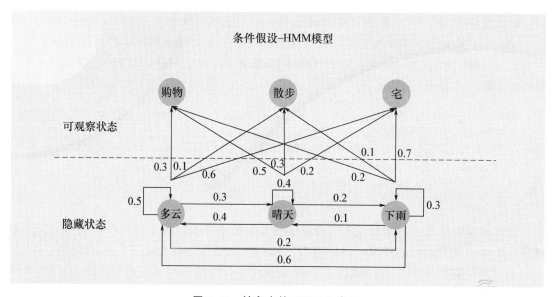

图 5-12　抽象出的 HMM 示意图

　　已知这样的一个故事背景，也就是整个的 HMM，进而推测连续三天的天气。连续三天，能够观察到他女朋友所做的活动，依次是散步、购物和宅在宿舍，现在小明的女朋友让他猜这三天北京的天气分别是什么样的，即这三天北京什么样的天气才最有可能导致他女朋友去做这三种活动。

　　这个问题看起来比较复杂，但用计算机实现是非常简单的。下面解释这个故事跟语音识别的关系。

　　我们完全可以把可观察状态和隐藏状态映射成语音识别系统输入的语音信号和语音识别系统输出的文字信号，它们是完全对应的关系。一个文字的发音其实是有一定概率呈现出几种不同的声音波形，这种概率的转换关系和天气对小明女朋友安排活动的影响，其实是完全一样的。

（3）高斯混合模型。

观测概率密度函数由高斯混合模型（Gaussian Mixture Model，GMM）建模，训练中，不断迭代优化，以求取 GMM 中的加权系数及各个高斯函数的均值与方差。GMM 训练速度较快，且 GMM 参数量少，容易嵌入终端设备中。在很长一段时间内，GMM- HMM 混合模型是表现最优秀的语音识别模型。但 GMM 不能利用语境信息，其建模能力有限。

2. 基于深度学习的声学模型

（1）深度神经网络。

深度神经网络（Deep Neural Network，DNN）是最早用于声学模型建模的神经网络。DNN 解决了基于 GMM 进行数据表示的低效问题。语音识别中，DNN-HMM 混合模型大幅提升了识别率。目前阶段，DNN-HMM 基于其相对有限的训练成本及高识别率，仍然是特定的语音识别领域常用的声学模型。需要注意的是，基于建模方式的约束（模型输入特征长度的一致性需求），DNN 模型使用的是固定长度的滑动窗来提取特征。

（2）循环神经网络和卷积神经网络。

对于不同的音素与语速，利用语境信息最优特征的窗长度是不同的。可以有效利用可变长度语境信息的循环神经网络（Recurrent Neural Network，RNN）与卷积神经网络（Convolutional Neural Network，CNN）在语音识别中能够取得更好的识别性能。因而，在语速鲁棒性方面，CNN 和 RNN 比 DNN 表现得更好。常见的 RNN 模型如图 5-13 所示。其中，x_t 是输入，h_t 是输出，A_t 是一个在循环中从前一步获得信息的神经网络；一个单元的输出被传送到下一个单元，信息也被传递了。

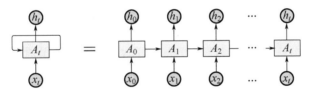

图 5-13 常见的 RNN 模型

在使用 RNN 建模方面，用于语音识别建模的模型有多隐层的长短期记忆（Long Short-Term Memory，LSTM）、Highway LSTM、Residual LSTM、双向 LSTM、时延控制的双向 LSTM。

LSTM 基于门控电路设计，能够利用长短时信息在语音识别中取得非常好的性能，如图 5-14 所示。另外，可以通过增加层数进一步提升语音识别性能，但是简单地增加 LSTM 的层数会引起训练困难及梯度消失等问题。

Highway LSTM 在 LSTM 相邻层的记忆单元间添加一个门控的直接链路，为信息在不同层间流动提供一个直接且不衰减的路径，从而解决梯度消失等问题。

Residual LSTM 在 LSTM 层间提供一个捷径，也能解决梯度消失问题。

双向 LSTM 能够利用过去及未来的语境信息，使得其识别性能比单向的 LSTM 更好，但是由于双向 LSTM 利用了未来的信息，因而基于双向 LSTM 建模的语音识别系统需要观察完整的一段话之后才能识别，从而不适用于实时语音识别系统。

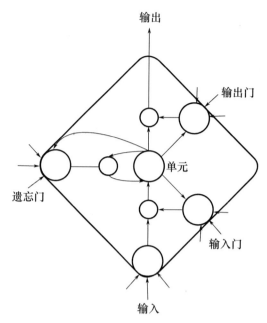

图 5-14 LSTM 模型

时延控制的双向 LSTM 通过调整双向 LSTM 的反向 LSTM，实现了性能与实时性的一个折中建模方案，能够应用于实时语音识别系统。

CNN 建模方面，包括时延神经网络（Time-Delay Neural Network，TDNN）、CNN-DNN、CNN-LSTM-DNN（CLDNN）、CNN-DNN-LSTM（CDL）、深度 CNN、逐层语境扩展和注意 CNN 及 Dilated CNN。

TDNN 是最早被用于语音识别的 CNN 建模方式。TDNN 会同时沿频率轴和时间轴进行卷积，因此能够利用可变长度的语境信息。TDNN 用于语音识别分为两种情况：一种是只有 TDNN，很难用于大词汇量连续性语音识别（Large Vocabulary Continuous Speech Recognition，LVCSR），原因在于可变长度的表述与可变长度的语境信息是两回事，在 LVCSR 中需要处理可变长度表述问题，而 TDNN 只能处理可变长度语境信息；另一种是 TDNN-HMM 混合模型，由于 HMM 能够处理可变长度表述问题，因而该模型能够有效处理 LVCSR 问题。

CNN-DNN 在 DNN 前增加一到两层卷积层，以提升对不同说话人的可变长度声道问题的鲁棒性。相比于单纯 DNN，CNN-DNN 性能有一定幅度的提升。

在 CLDNN 及 CDL 模型中，CNN 只处理频率轴的变化，LSTM 用于处理可变长度语境信息。

深度 CNN 中的"深度"是指一百层以上的卷积层。语谱图可以被看成是带有特定模式的图像，通过使用比较小的卷积核及更多的层，来确定时间轴及频率轴上长范围的相关信息。深度 CNN 的建模性能与双向 LSTM 性能相当，但是深度 CNN 没有时延问题。在控制计算成本的情况下，深度 CNN 更适用于实时系统。

由于深度 CNN 的计算量比较大，因而提出了能够减小计算量的逐层语境扩展和注意

CNN 及 Dilated CNN，其把整个话语看作单张输入图，可以复用中间结果。另外，可以通过设计逐层语境扩展和注意 CNN 及 Dilated CNN 网络每一层的步长，使其能够覆盖整个核，降低计算成本。

语音识别的应用环境通常比较复杂，需要选择能够应对各种情况的模型，建模声学模型是工业界及学术界常用的建模方式。但是各个单一模型都有其局限性：HMM 能够处理可变长度的表述；CNN 能够处理可变声道；RNN 和 CNN 能够处理可变语境信息。声学模型建模中，混合模型由于能够结合各个模型的优势，是目前声学建模的主流方式。

5.5　语音识别的语言模型

语言模型，顾名思义是对语言进行建模的模型。语言表达可以看作一串字符序列，不同的字符序列组合代表不同的含义，字符的单位可以是字或词。语言模型的任务是确定字符序列，以及如何估计该序列的概率或如何估计该序列的合理性。

拿"工人师傅有力量"和"工人食腐有力量"举例。到底应该是"工人师傅有力量"，还是"工人食腐有力量"？哪句话更合适？人们容易判断前一句的概率大。通过语言模型的建模给出符合人类预期的概率分配，即"工人师傅"的概率大于"工人食腐"的概率。

基于统计词频的传统 N 元文法模型，通过马尔可夫假设简化了模型结构和计算，通过计数的方式计算，通过查找的方式使用。该模型具有估计简单、性能稳定、计算快捷的优势。但马尔可夫假设强制截断建模长度，使该模型无法对较长的历史建模，基于词频的估计方式也使模型不够平滑，对于低词频词汇估计不足。随着神经网络的崛起，人们开始尝试通过神经网络来进行语言模型建模。

一个典型的建模结构是 RNN，如图 5-15 所示。其递归的结构理论上可以对无穷长序列进行建模，弥补了 N 元文法模型对长序列建模的不足，同时其各层间的全向连接也保证了建模的平滑。此外为了提升模型的性能，研究者还通过 LSTM 结构来提升基本 RNN 本身建模能力的不足，进一步提升模型性能。

神经网络用于大规模语言建模的系统中还存在一些问题，如大词表带来的存储和计算量增加。实际线上系统的词表往往比较大，而随着词表的增加，基本 RNN 结构的存储和计算量会呈几何级数爆炸式增长。为此，研究者进行了一些尝试，压缩词表尺寸成了最直接的解决方案。一个经典的方法是词表聚类，该方法可以大幅压缩词表尺寸，但也会带来性能衰减。更直接的方法是直接过滤掉低频词汇，但仍会带来一定的性能衰减。而真正制约速度性能的主要是输出层节点和输入层节点大，借助映射层可以较好解决。于是输入层采用大词表，而仅对输出层词表进行抑制，这样不仅降低了损失，过滤掉低频词汇，还有利于模型节点的充分训练，性能略有提升。

词表的压缩可以提升建模性能，降低计算量和存储量，但仅限于一定的量级，不可无限制压缩。针对降低计算量这一问题，提出了一些方法，如 Light RNN。该方法通过类似聚类的方式，利用 Embedding 的思想，把词表映射到一个实值矩阵上，实际输出只需要矩阵的行加矩阵的列，计算量大幅降低。除了节点多，造成计算量大的另一个原因是 softmax 输出，需要对所有的节点求和，以得到分母。若该分母能保持一个常数，实际计算的时候就只计

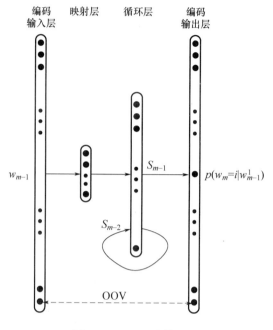

图 5-15　RNN 建模结构

算需要的节点，测试环节的运算速度会大大提高。此外，如果训练速度可以接受的话，采用正则项相关的方法方差正则化（Variance Regularization），在基本不损失模型正确性的情况下可以大幅提升前向计算速度；如果要提升训练时的速度，还可以考虑基于采样的方法，如 NCE、Importance Sampling、Black Sampling 等。其本质是在训练时不计算全部节点，只计算正样本（即标签为 1 的节点），以及部分通过某种分布采样得到的负样本，避免因高输出造成的计算缓慢。

5.6　语音识别的训练

1. 偶然性训练法

当待识别词表不太大且系统为特定人设计时，可以采用简单的多模板训练方法，即每个单词的每一遍读音形成一个模板。在识别时，待识别语音特征矢量序列用特定的匹配算法分别求得与每个模板的累积失真，然后判断它属于哪一类。但由于语音的偶然性大，且训练时读音可能存在错误，如不正确的音连、错误的发音得不到纠正，该方法形成的模板鲁棒性差，因此这种方法被称为偶然性训练法。

2. 鲁棒性训练法

鲁棒性训练法是一种串行训练法，将每一个词重复说多遍，直到得到一对一致性较好的特征矢量序列。最终得到的模板是在一致性较好的特征矢量序列对在沿 DTW 的路径上求平均的结果。其训练过程描述如下。

对于某个特定的词，令 $X_1=\{x_{11}, x_{12}, \cdots, x_{1T_1}\}$ 为第一遍的特征矢量序列，$X_2=$

$\{x_{21}，x_{22}，\cdots，x_{2T_2}\}$ 为第二遍的特征矢量序列，通过 DTW 算法计算出模板的失真得分 $d(X_1，X_2)$；如果 $d(X_1，X_2)$ 小于某个门限，便可认为这两遍特征矢量序列一致性较好，通过求 X_1 和 X_2 的时间弯折平均而得到一个新的模板 $Y=\{y_1，y_2，\cdots，y_{T_y}\}$，便可得到鲁棒性训练的模板。计算方法如下。

令 T_y 为 DTW 算法的最优路径长度，则最优路径序列为

$$(i(1),j(1)),(i(2),j(2)),\cdots,(i(T_y),j(T_y)) \tag{5-13}$$

新的模板 Y 可通过如下公式得到。

$$Y_k=\frac{1}{2}(x_{li(k)},y_{1j(k)})\quad k=1,2,\cdots,T_y \tag{5-14}$$

通过鲁棒性训练得到的模板显然比偶然性训练法可靠。但如果每个词的模板仅用一个模板表示，往往不够充分，当识别的任务针对非特定人时，这种问题的严重性更为突出。

3. 聚类训练法

对于非特定人语音识别，要想获得较高的识别率，需要对多组训练数据进行聚类，以获得可靠的模板参数。最初的孤立词识别采用人工干预的聚类方法，这种方法尽管有效，但由于人工干预的烦琐工作，阻碍了其广泛应用。为了解决这个问题，研究者提出了一系列的聚类方法。这些聚类方法与常规的模式聚类方法的主要不同点是：语音识别模板的聚类针对的是有时序关系的谱特征序列，而不是维数固定的模式。

本 章 小 结

本章首先介绍了语音识别的发展历史、语音识别的热点与难点，以及语音识别系统；随后重点介绍了语音的预处理（语音信号模数转换和滤波、语音信号预加重、语音信号分帧加窗和语音信号端点检测）、语音的特征提取（线性预测倒谱系数和梅尔频率倒谱系数）、语音识别的模型（动态时间规整算法、隐马尔可夫模型和人工神经网络）、语音识别的训练（偶然性训练法、鲁棒性训练法和聚类训练法）。

扩展阅读：

1. 柳若边，2019. 深度学习：语音识别技术实践 [M]. 北京：清华大学出版社.

2. 韩志艳，伦淑娴，王健，2012. 语音信号鲁棒特征提取及可视化技术研究 [M]. 沈阳：东北大学出版社.

3. 刘幺和，宋庭新，2008. 语音识别与控制应用技术 [M]. 北京：科学出版社.

【知识扩展】走近数字技术

课 后 习 题

一、简答题

1. 在语音信号参数分析前为什么要进行预处理？
2. 对语音信号进行处理时为什么要进行分帧？

3.语音信号的端点检测目的是什么？

二、填空题

1.语音信号的预处理过程包括语音信号的模数转换和滤波、＿＿＿＿＿＿＿＿、＿＿＿＿＿＿＿＿、＿＿＿＿＿＿＿＿。

2.通常，我们用得最多的分帧窗函数为＿＿＿＿＿＿＿＿、＿＿＿＿＿＿＿＿、＿＿＿＿＿＿＿＿。

3.语音识别的训练方法有＿＿＿＿＿＿＿＿、＿＿＿＿＿＿＿＿、＿＿＿＿＿＿＿＿。

三、判断题

1.隐马尔可夫模型由相互关联的两个随机过程共同描述信号的统计特性，其中一个是隐蔽的（不可观测的）具有有限状态的马尔可夫链，另一个是与马尔可夫链的每一个状态相关联的可观察矢量的随机过程（可观测的）。（　　　）

2.鲁棒性训练法是一种串行训练法，将每一个词重复说多遍，直至得到一对一致性较好的特征矢量序列。（　　　）

第6章
步态识别

　　步态及行为特征是主要的生物特征之一，并且引起越来越多研究者的关注。步态及行为识别属于人体运动分析领域，是根据人体行走或人体的动作姿态进行行为分析及身份识别的一种生物特征识别。步态识别具有远距离、非接触性的特点，可在不干扰行人的状态下进行，因此步态识别是极具潜力的生物特征识别之一。人的行为识别是对人体连续动作的理解，进而进行生物特征识别。人体的步态及行为识别涉及多个学科理论，是计算机视觉、人工智能、模式识别等理论的综合应用，具有极强的理论及应用价值。然而，客观环境的复杂性以及人运动的多样性，使得人体的运动识别及人体的身份鉴别变得非常困难。

 ## 学习目标

> ➤ 了解步态识别的基本概念、特点和识别过程；
> ➤ 了解常用的步态数据集；
> ➤ 掌握步态参数的提取方法；
> ➤ 掌握步态识别方法；
> ➤ 了解步态识别未来的研究方向。

 ## 学习任务

知识要点	能力要求	学习课时
步态识别概述	（1）了解步态识别的发展历史 （2）掌握步态识别系统构成和识别流程 （3）了解步态数据集	1课时
步态参数提取	（1）掌握基于模型的步态参数提取方法 （2）掌握基于非模型的步态参数提取方法	1课时

知识要点	能力要求	学习课时
步态识别方法	（1）掌握基于隐马尔可夫模型的步态识别方法 （2）掌握基于支持向量机的步态识别方法 （3）掌握判别式的步态识别方法 （4）掌握非判别式的步态识别方法	2 课时

导入案例

电影《碟中谍 5》中，黑客班吉起初并未把门禁放在眼里，当他得知必须经过步态识别系统（图 6-1）的检测时，只能依靠伊森·亨特，通过潜水强行入侵后台数据库才得以攻破。

图 6-1 《碟中谍 5》中的步态识别系统

这套让剧中情报机构都无法轻易破解的"步态识别系统"，究竟有哪些过人之处？

中国科学院自动化研究所的专家介绍了一种生物特征识别技术——步态识别：在 50 米内，仅看用户行走的姿态，摄像头瞬间就可准确辨识出特定对象。

中国科学院自动化研究所的黄永祯介绍，虹膜识别通常需要目标在 30 厘米以内，人脸识别需在 5 米以内，而步态识别在超高清摄像头下，识别距离可达 50 米，识别时间在 200 毫秒以内。

此外，步态识别无须识别对象主动配合，即便一个人在几十米外（50 米以内）戴面具背对普通监控摄像头随意走动，步态识别算法也可准确判断其身份。

步态识别还能完成超大范围人群密度测算，对 100 米外 1000 平方米范围中的 1000 多人进行实时计数。这项技术能应用于安防、公共交通和商业等领域。

以中国科学院自动化研究所孵化的银河水滴科技公司为例，其在步态数据和算法方面都处于世界领先水平，其户外步态数据库超过第二大数据库近 100 倍。图 6-2 所示为银河水滴科技公司的步态识别系统。

图 6-2　银河水滴科技公司的步态识别系统

在 CCTV1 大型科技挑战节目《机智过人》（第三期）中，银河水滴科技公司的步态识别技术在现场成功识别了 10 个身高体型相似的"嫌疑犯"、21 只体型毛色相似的金毛犬及金毛犬剪影。图 6-3 所示为银河水滴科技公司的步态识别技术演示图。

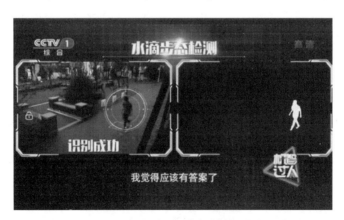

图 6-3　银河水滴科技公司的步态识别技术演示图

提到"生物特征识别技术"，人们一般联想到的是人脸识别、指纹识别和虹膜识别等。因为这些生物特征对每个人来说都是独一无二的，所以这类"活体密码"的安全性较高。

然而，这几类生物特征识别技术都需要在相对近距离的范围内才能完成识别。例如，人脸识别的视频采集设备与待识别目标距离较远时，人脸模糊不清，系统无法正确识别，指纹、虹膜就更无法采集。

针对这种局限，步态识别因其难隐藏、远程可检测性、非接触性和非侵入性等特点从众多方案中脱颖而出，成为生物特征识别领域的一匹"黑马"。

资料来源：新华网

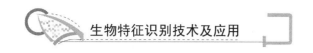

生物特征识别技术及应用

6.1 步态识别概述

1. 步态识别的概念

1967 年，美国 Murray 教授提出用 24 个特征点（身高、腿长、臂长和关节活动等）建立普通人体的步态模型，科学地说明步态特征对于每个人都是独一无二的。步态特征作为生物特征识别中重要的特征之一得到认可。

步态识别技术的可行性来源于人类行走姿态的不同，每个人在肌肉的力量、肌腱和骨骼长度、骨骼密度、视觉的灵敏程度、协调能力、体重、重心、肌肉或骨骼受损的程度、生理条件及个人走路的"风格"上都存在细微差异。

步态是指人们行走时的方式，是一种复杂的行为特征。在刑事侦查中，具有反侦查意识的罪犯或许会化装，尽量避免身上的毛发掉在作案现场，但是行为特征很难控制，尤其是走路的姿势。

2. 步态识别的作用

步态作为一种生物特征，相较于虹膜、掌纹和静脉等其他生物特征，具有难隐藏、远程可检测性、非接触性和非侵入性等优势。因此步态识别技术在临床医学、国防和生物认证等方面具有重要意义。

在临床医学方面，步态识别主要应用于对正常步态和异常步态的辨识。异常步态通常是指病理性的异常步态，如帕金森步态、脑卒中（中风）步态，不包括非病理性的异常步态，如醉酒步态。有时，异常步态中还包含疾病的病程信息，如轻度帕金森步态和重度帕金森步态等。在现有的临床步态数据采集研究中，研究者通常采用可穿戴步态采集设备对步态数据进行采集。可穿戴步态采集设备由压力传感器、超声波传感器、加速度计和光学相机等组成，具有价格合理和适合实验室环境分析等优点。有时，为了获取骨骼信息，研究者也会采用深度相机进行骨骼特征提取。国际上公认的定量评估与分析人体步态的系统是 Vicon 光学动作捕捉系统。除了进行步态分析外，目前，国际上大多数新发明的可穿戴步态采集设备均使用该系统进行精度检验。在临床中，由关节结构、动态肌电信号等构成的步态分析数据常被医护人员用于疾病分析。因此研究者通常会基于人体形态学、运动学等进行参数提取，这种考虑人体结构的参数提取方法称为基于模型的步态提取方法。在进行步态识别时，临床应用场景具有数据量小、类别少且可有效控制噪声等特点，故研究者更加关注如何获取更多包含疾病信息的特征，而较少关注识别算法的设计。较多的研究者直接使用已有的算法模型（如支持向量机）或商业软件（如 SPSS）进行实验。

在国防和生物认证方面，步态识别主要应用于个人身份的鉴别。在身份鉴别场景中，研究者通常希望在不被被鉴别者发现的情况下对其进行步态特征的提取。因为相机在提取步态特征时具有非接触性和远程性的优势，所以常被用于身份鉴别的场景中。在使用相机获取基于人体形态学和运动学的参数时，通常需要多台相机进行三维重构，并且在人体上设置反光标记点，这会导致在进行步态参数提取时难以隐蔽，因此在进行身份鉴别时通常对人体的轮廓进行分析。早期基于轮廓的参数通常为一系列二值轮廓图像，相比于基于人体形态学和运动学的参数，需要更多的存储空间。因此，为了在降低存储量的同时尽量减少原有图像信息的丢失，研究者建立了步态能量图和运动轮廓图等，将一系列轮廓图压缩在单幅图像上。这种仅考虑轮廓而未考虑人体结构的参数提取方法称为基于非模型的步态提取方法。在进行步态识别时，因为身份鉴别具有数据量大、数据形式复杂、类别多和干扰因素多的特点，所以常使用机器学习方法对步态进行识别。人工构建的特征会限制机器学习的技术表示，因此研究者通过深度学习技术（如卷积神经网络）对步态特征进行自主学习和提取。其中，网络模型的构建是深度学习的重要问题。

小知识：银河水滴科技公司开发的步态识别技术分析了数千种关于人走路的指标，包括他们的身体轮廓和手臂移动的角度，以及一个人有脚趾或没有脚趾的步态，并用这些信息构建数据库。这项技术可以识别 50 米以外的人，准确率高达 94%。除了将步态识别用于监测目的外，还可应用于理疗、运动训练、神经问题诊断和护理等领域。

6.2　步态识别流程

步态识别任务涉及计算机视觉领域的多个研究方向。对于一段给定的包含一个或多个行人行走过程的视频序列，广义上的步态识别流程可分为 4 个主要阶段：行人检测、行人分割、行人追踪和行人识别。行人检测阶段定位行人在单帧图像中的位置，确定行人高矮。行人分割阶段针对行人检测结果进行像素级的分割，并去除视频中的背景信息。行人追踪阶段确定目标的运动轨迹，区分视频序列中的不同个体。一般意义上的步态识别，即指行人识别阶段，利用从行人轮廓图序列中提取的特征对人进行身份辨认。近年来伴随着深度学习的发展，通用检测分割框架，如掩码区域卷积神经网络（Mask Region Based Convolutional Neural Network，Mask RCNN）等的提出，使步态识别技术能够运用到实际的复杂场景中。

除上述的步态识别流程外，也有利用前背景分离技术剔除步态序列中的背景，再进行行人追踪与识别的方法。使用前背景分离技术能获得比直接进行检测、分割更高质量的轮廓图，但该方法只适用于视频中背景保持不变的场景。还有使用姿态估计算法提取视频中的人体关键点，利用关键点序列中的运动信息进行识别的方法。图 6-4 所示为步态识别任务的流程。

步态识别任务可根据任务目标分为两类。第一类为验证（Verification）任务，给定注册样本（Probe Sample）x^p 和验证样本（Gallery Sample）x^g，依据相似度指标或给定的阈值判断其是否具有相同身份。第二类为辨别（Identification）任务，即给定注册样本 x^p 和验证集（Gallery Set）中的 N 个样本 $\{x_i^g \mid i=1, 2, \cdots, N\}$，找出验证集中和注册样本具有相同身份的验证样本。

综上所述，虽然不同场景下的步态识别方法不同，但是它们的步骤却具有一致性，均可分为步态数据采集、步态参数提取和步态识别三步。因此，本章将从常用步态数据集、步态参数的提取方法和步态识别方法三个方面分别讲解。

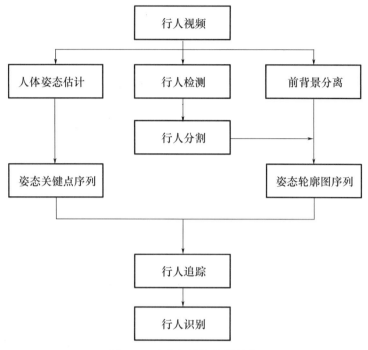

图 6-4　步态识别任务的流程

6.3　步态数据集

视频流是最容易获取的步态数据流形式，目前国际上常用的步态数据集也多是基于视频流建立的。常见的步态数据集有 USDC、Georgia、CMUMobo、CASIA（A）、CASIA（B）、CASIA（C）、USMT、SOTON、OU-ISIR Treadmill、OU-ISIR LP、USF、SZU RGB-D 和 Andresson 等，具体参数如表 6-1 所示。

从表 6-1 可以看出，大部分步态数据集的建立是为了方便研究者利用步态对人员身份进行识别，建立数据集的仪器通常为基于相机的运动捕捉系统。这类数据集使用多台相机构建运动捕捉系统，以便提供不同视角的步态图像，通过设置不同的变量方便研究者测试识别方法在不同条件下的性能，常见的变量有视角、距离、步速、携带物和服装等。仅有少部分数据集的建立目的是方便研究者利用步态对异常状态进行识别。这类数据集多基于传感器采集，且采集地点通常在室内，能够向研究者提供反映疾病类型的数据信息，如关节坐标和压力信号等。这类数据集也可直接给出通过计算或调研得到的特征，如步速、步长、支撑相、摆动相和患病程度等。但是，由于部分步态特征的提取依赖于传感器的选择，故以识别异常步态为目的的数据集常会限制研究者对步态特征的选择。因此，在进行异常步态识别时，研究者通常不选择开源数据集，而是自己设计步态提取系统获取所需的步态特征。

表 6-1 常用步态数据集参数

建立机构	库名	样本容量	采样率/fps	环境	仪器	变量
加州大学圣地亚哥分校	USDC	6 人，42 序列	30	室外	1 台相机	位置
佐治亚理工大学	Georgia	20 人，188 序列	120	室内和室外	3D 运动捕捉系统	距离、速度
	Georgi	18 人，106 序列；8 人，49 序列	30	室内	Ascension 动作捕捉系统	—
卡内基梅隆大学	CMUMobo	25 人，600 序列	30	室内	6 台相机	视角、衣着、速度、倾斜、抱球
南佛罗里达大学	USF	122 人，1870 序列	—	室外	2 台相机、1 个标定板	地面、衣着、速度
中国科学院自动化所	CASIA(A)	20 人，240 序列	25	室外	1 台相机	视角
	CASIA(B)	124 人，1364 序列	25	室内	11 台相机	视角、衣着
	CASIA(C)	15 人，1530 序列	25	室外（夜间）	红外（热感）相机	衣着、速度
南安普顿大学	USMT	103 人，1005 序列	30	室内和室外	9 台相机	—
	SOTON	超过 100 人，每人约 8 序列	25	室内和室外	6 台相机	视角
大阪大学	OU-ISIR Treadmill A	34 人，40 序列	60	室内	25 台相机	速度
	OU-ISIR Treadmill B	68 人，1350 序列	60	室内	25 台相机	服装
	OU-ISIR Treadmill D	185 人，370 序列	60	室内	25 台相机	步态波动
	OU-ISIR LP	超过 4000 人	30	室内	2 台相机	视角
深圳大学	SZU RGB-D	99 人，792 序列	—	室内	华硕 Xtion Pro Live 摄像头	视角
佩洛塔斯联邦大学	Andresson	140 人，每人 500～600 帧	30	室内	Kinect 体感设备	—

6.4　步态参数的提取方法

依据是否基于人体形态学和运动学建立骨骼模型，步态参数提取的方法可分为两类：基于模型的步态参数提取方法和基于非模型的步态参数提取方法。前者对人体的基础结构建模；后者则直接从视频中基于轮廓提取步态特征，没有明确考虑底层结构。

1. 基于模型的步态参数提取方法

基于模型的步态参数提取方法主要基于人体形态学和运动学建立骨骼模型。常见的骨骼模型有钟摆骨骼模型、棒状骨骼模型和圆柱形骨骼模型，如图 6-5 所示。其中，棒状模型是常用的骨骼模型。

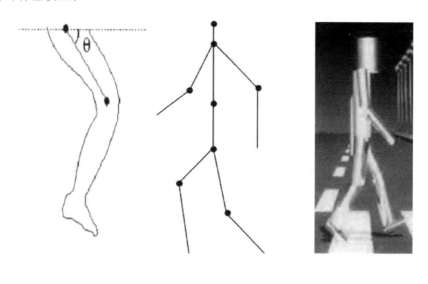

（a）钟摆骨骼模型　　　　　（b）棒状骨骼模型　　　　　（c）圆柱形骨骼模型

图 6-5　常见的骨骼模型

利用贝叶斯模型在二维视频图像中对人体运动进行三维重构，可得到包含 20 个关节节点的三维棒状骨骼模型。2014 年，微软公司研制的 Kinect V2 体感设备可以让用户便捷地获得包含 25 个关节节点的三维棒状骨骼模型。在大多数应用场景中，仅在二维空间对棒状骨骼模型进行分析就可以满足需要，但当提取关节姿态时，则需要在三维空间中对棒状骨骼模型进行分析。2018 年，麻省理工学院的计算机科学与人工智能实验室通过 X 射线获得墙另一侧的行人的步态，并将其构建成棒状骨骼模型。基于对骨骼模型的分析，可以获得运动学参数、步态时空参数和人体测量学参数等。

（1）运动学参数。

运动学参数通过描述关节角度的变化来反映人体四肢的运动，通常包括行走时的关节角度、关节的加速和关节姿态。

基于 Kinect 体感设备提供的三维骨骼模型，可得到膝关节、踝关节和髋关节的屈曲度，并将其应用于异常步态的检测。2016 年，研究人员将下肢建模为三段模型，沿大腿、小腿和脚分别放置了 6 个无线惯性传感器，放置位置如图 6-6 所示，得到了膝关节和踝关节相对于世界坐标系的欧拉角。

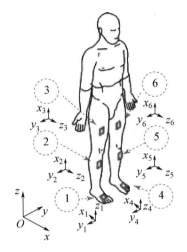

图 6-6　无线惯性传感器放置位置示意图

（2）步态时空参数。

步态时空参数是步态分析中描述时间和空间位置的参数，通常包括步频、步长、支撑相、摆动相和步态周期。在基于模型的方法中，该参数可通过对足端轨迹的分析得到。

2016 年，Qi 等建立了足部运动学模型和测量模型，通过基于高斯-牛顿算法和卡尔曼滤波器的跟踪算法得到了足部轨迹，进而获得步态周期，即支撑相和摆动相[92]。并且进一步将支撑相分为制动期和推进期；将摆动相分为加速期、中间摆动期和减速期。

（3）人体测量学参数。

人体测量学参数通常包括头部高度、骨骼长度和躯干高度等。由人体测量学知识可知，不同人的测量学参数值之间的比例均不同，因此提取人体测量学参数具有应用价值。

研究者根据行走过程中的骨骼长度对 18 名受试者进行识别，在近距离的侧视图中识别率达 96%。但是当样本数量较大时，拥有相似身材比例的人数量相应增加，继续使用人体测量学参数进行识别，识别率会降低。

2. 基于非模型的步态参数提取方法

基于非模型的步态参数提取方法多基于图像直接提取轮廓信息，构建步态参数。常见的基于非模型的步态参数提取方法有步态能量图（Gait Energy Image，GEI）、运动轮廓图（Motion Silhouette Image，MSI）、条纹图案（Frieze Patterns）和步态熵图（Gait Entropy Image，GEnI）。

（1）步态能量图。

2005 年，Han 等首次提出了步态能量图的概念[93]，如图 6-7 所示。步态能量图通过将一个步态周期内的轮廓信息平均在一张图中来表征步态的时空特性。具体公式如下。

$$\text{GEI}(x,y) = \frac{1}{N}\sum_{t=1}^{N} B_t(x,y) \tag{6-1}$$

式中，N 是一个周期中轮廓序列的帧数；t 是一个周期中帧的序号；x 和 y 分别是图像中像素点的水平坐标和垂直坐标；B_t 是第 t 帧二值轮廓图像。相对于仅利用二进制的轮廓序列进行步态表示的方法，GEI 不仅节约了存储空间，也增强了单个帧中轮廓对噪声的鲁棒性。

图 6-7　步态能量图

进一步，研究者提出了基于时间保持的步态能量图（Chrono-Gait Image，CGI），其目标是将轮廓图压缩成单个图像，且不会丢失图像之间过多的时间关系。与步态能量图不同的是，基于时间保持的步态能量图不是灰度图像，而是 RGB 颜色空间中基于时间保持的颜色能量图。具体公式如下。

$$\text{CGI}(x,y) = \frac{1}{P}\sum_{t=1}^{P} \text{PGI}_t(x,y) \tag{6-2}$$

式中，P 是 1/4 步态周期所包含的帧数；PGI_t 是色彩轮廓图像。相对于步态能量图，基于时间保持的步态能量图保存了更多的时域信息。相对于步态能量图，利用全息图像构造的全息步态能量图（Holographic Gait Energy Image，HGEI）拥有更加丰富的信息，在受试者携带包时的识别效果明显高于步态能量图的识别效果。相比于步态能量图，周期能量图（Period Energy Image，PEI）保留了更多的轮廓信息，具体公式如下。

$$\text{PEI}_k = \frac{1}{N_k}\sum_{\tau_t \in T(k)} B_t(1) \tag{6-3}$$

$$T(k) = \left[\frac{k}{n_c+1} - \frac{m}{2}, \frac{k}{n_c+1} - \frac{m}{2}\right] \tag{6-4}$$

式中，m 是窗口大小；$k(k=1,2,\cdots,n_c)$ 代表 PEI 的第 k 个通道；N_k 是 $T(k)$ 包含的帧数。当 n_c 和 m 同时取 1 时，周期能量图降为步态能量图，五通道的周期能量图如图 6-8 所示。

（2）运动轮廓图。

2006 年，Lam 等提出了运动轮廓图[94]，如图 6-9 所示。该图像包含步态的时间和空间信息，并且可以有效降低存储空间。具体公式如下。

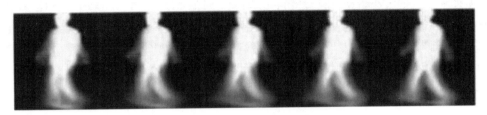

图 6-8　五通道的周期能量图

$$\mathrm{MSI}(x,y,t)=\begin{cases}255 & I(x,y,t)=1\\ \max[0,\mathrm{MSI}(x,y,t-1)-1] & 其他\end{cases} \tag{6-5}$$

式中，I 是轮廓图像；x 和 y 是灰度图像中像素点的水平坐标和垂直坐标；t 是当前帧的序号。利用 MSI 在 SOTON 数据集中进行识别，识别率约为 87%。

图 6-9　运动轮廓图

动作能量图（Motion Energy Image，MEI）和 MSI 的不同之处是，MEI 不再以当前帧的像素值作为判断条件，而是以某一段时间（简称窗口）的轮廓图像内像素点的均值作为判断条件。具体公式如下。

$$\mathrm{MEI}(x,y,k)=\begin{cases}255 & G(x,y,k)\geqslant 0.5\\ \max[0,\mathrm{MEI}(x,y,k-1)-1] & 其他\end{cases} \tag{6-6}$$

式中，k 是序列中的窗口编号；G 为轮廓图像的均值，计算式为

$$G(x,y,k)=\frac{1}{N}\sum_{t=N_{k-1}+1}^{N_k}I(x,y,t) \tag{6-7}$$

式中，N 是窗口大小。相对于 MSI，MEI 对于噪声具有更强的鲁棒性。

基于 MSI 提出了移动运动轮廓图（Moving Motion Silhouette Image，MMSI），MMSI 与 MSI 的不同之处是，MSI 中像素的强度值表示整个步态序列的运动信息，而 MMSI 仅表示窗口内图像序列的运动信息。在计算过程中，窗口从步态序列开始，每计算一次向后移动一帧，直到窗口达到步态序列的结尾，计算停止。MMSI 的公式如下。

$$\mathrm{MMSI}_t(x,y,k)=\begin{cases}0 & k\leqslant t-\lambda\\ 255 & I(x,y,t)=1 且 t-\lambda<k\leqslant t\\ \max[0,\mathrm{MMSI}_t(x,y,k-1)-1] & I(x,y,t)=1 且 t-\lambda<k\leqslant t\end{cases} \tag{6-8}$$

式中，λ 表示窗口的大小；$MMSI_t$ 是窗口在时刻 t 时的 MMSI 值。相对于 MSI，MMSI 在 CASIA(A) 数据集和 SOTON 数据集中得到了更高的识别率。

（3）条纹图案。

条纹图案包括横向条纹图案和纵向条纹图案，如图 6-10 所示。该方法将轮廓图像沿水平轴和垂直轴进行投影，并随时间的推移计算重复的时空条纹图案，但该方法对携带物比较敏感。

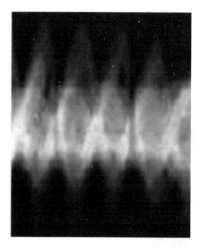 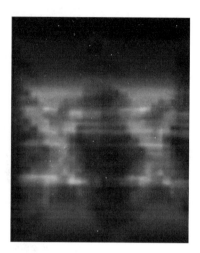

（a）横向条纹图案　　　　　　　　　　　　　（b）纵向条纹图案

图 6-10　条纹图案

（4）步态熵图。

步态熵图如图 6-11 所示。步态熵图可以通过计算一个步态周期内轮廓图像中每个像素的香农熵获得。具体公式见式(6-9) ～式(6-12)。

图 6-11　步态熵图

$$H(x,y)=-\sum_{k=1}^{K} P_k(x,y) \log_2 P_k(x,y) \tag{6-9}$$

$$\mathrm{GEnI}(x,y) = \frac{[H(x,y) - H_{\min}] \times 255}{H_{\max} - H_{\min}} \qquad (6\text{-}10)$$

$$H_{\min} = \min H(x,y) \qquad (6\text{-}11)$$

$$H_{\max} = \max H(x,y) \qquad (6\text{-}12)$$

式中，H 是像素点的香农熵；x 和 y 是像素点的水平坐标和垂直坐标；P_k 是轮廓图像像素点为第 k 个值的概率，由于轮廓图像是二值图像，故取 K 值为 2。在 CASIA、USF 和 SOTON 数据集上对步态熵图进行测试，证明了其对衣着和携带物等变化具有良好的鲁棒性。

6.5　步态识别方法

步态识别的应用方向可分为异常步态辨识和人员身份鉴别。前者常用于临床诊断和康复训练；后者常用于安保监控等场景。传统的步态识别方法有隐马尔可夫模型及稀疏表示的方法、支持向量机方法等，近些年来基于深度学习的步态识别方法也广泛使用。

1. 传统步态识别方法

（1）基于隐马尔可夫模型及稀疏表示的步态识别方法。

为了表达随时间变化步态帧之间的联系即步态的动态特性，如走动时人体的运动幅度和节奏等信息，时序模塑可作为良好的表达方式。在时序模型中，动态贝叶斯网络在随时间变化的特征识别中应用较多，而隐马尔可夫模型及其改进模型作为动态贝叶斯网络的一种形式也得到广泛的应用。复杂的模型会影响步态识别的实时性，因此本章采用传统隐马尔可夫模型作为步态时序特征的表达。

小知识：隐马尔可夫模型是统计模型，用来描述一个含有隐含未知参数的马尔可夫过程。其难点是从可观察的参数中确定该过程的隐含参数，然后利用这些参数作进一步的分析。

将人体一个周期的步态序列分割为 4 段，分别计算各个分段的帧差能量图，并对每段的帧差能量图进行稀疏表示和建立字典。当字典建立后，以稀疏表示系数来作为步态的特征序列 S，利用 S 进行模型的训练和识别。步态识别的隐马尔可夫模型状态如图 6-12 所示。

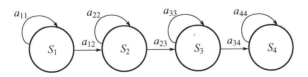

图 6-12　步态识别的隐马尔可夫模型状态

步态识别的隐马尔可夫模型为左右模型，即每种状态只能停留在本身或下一个状态。对一个隐马尔可夫模型而言，首先需要确定状态数 N 和观察位数 M。实验中，取 N 值为 4（4 段帧差能量图），M 值为 124（特征序列 S 中可能存在的值为 $1 \leqslant S_i \leqslant 124$）。$M$ 值根据实验环境重新设定，在 CASIA（B）数据库中，取 124 人 90° 视角进行实验，M 值为 124，如采用不同视角及不同的行走模式（如背包、穿外套）综合实验 M 值，需根据可能状态数重新设定。然后，需要确定初始模型参数$\lambda_0 = (\pi_0，A_0，B_0)$。在确定状态初始概率$\pi_0$时，认为每个状态在初始时刻出现的概率相同，$\pi_0$取均匀分布在确定初始状态转移概率$A_0$和初始观察位概率$B_0$，观察值概率采用混合高斯概率密度函数来表示。

$$b_j(O_t) = \sum_{m=1}^{M} c_{jm} N(O_t, \mu_{jm}, U_{jm}) \tag{6-13}$$

式中，M值取 2，$c_{jm} = 1/2$。高斯概率密度函数的均值和方差计算式如下。

$$\mu_{j1} = \frac{1}{T_j} \sum_{i=1}^{T_j} O_i$$

$$U_{j1} = \frac{1}{T_j} \sum_{i=1}^{T_j} [O_i - \mu_{j1}][O_i - \mu_{j1}]^{\mathrm{T}} \tag{6-14}$$

式中，T_j是高斯概率密度函数所对应的均匀分割后各状态相应的序列长度；O_i是序列中的一个观察向量。同理可求出μ_{j2}和U_{j2}。随后，对模型训练与识别的每一类步态构建足够的训练样本，提取步态特征序列S，使用 Baum-Welch 算法对初始的模型参数$\lambda_0 = (\pi_0，A_0，B_0)$进行迭代优化。当概率$P(O \mid \lambda)$无明显变化时，迭代结束。按照上述步骤，分别对所有步态训练其模型。

通过模型训练，每类步态都对应一个$\lambda_i = (\pi, A_i, B_i)$。给定一个未知步态序列，通过上述处理可得到一个步态特征序列S_T。利用特征序列进行步态识别，其步骤如下。

第一步，对于一个模型S_T，利用前向减后向算法计算得到$P(S_T \mid \lambda_i)$。

第二步，遍历所有的模型$\lambda = \{\lambda_i, 1 \leqslant i \leqslant N\}$，统计步态模型总数。

第三步，寻找概率中的最大值，其最大值对应的类，即未知步态所属类。

$$result = \arg\max P(S_T \mid \lambda_i) \quad 1 \leqslant i \leqslant N \tag{6-15}$$

式中，N表示步态模型总数；$P(S_T \mid \lambda_i)$表示在模型λ_i下，特征序列S_T的概率。对训练好的隐马尔可夫步态识别模型按照图 6-13 所示流程进行步态识别。对输入的步态轮廓特征图像获取稀疏分解系数，在训练好的模型参数条件下计算系数概率，寻找最大概率即对应的步态类别。

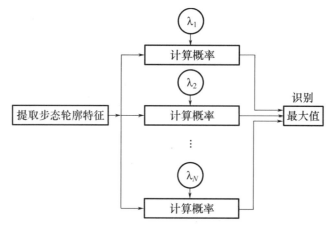

图 6-13　隐马尔可夫步态识别流程

（2）基于支持向量机的步态识别方法。

支持向量机（Support Vector Machine，SVM）是一种决策机，能产生一个二值决策结果。它的泛化能力较强，具有良好的学习能力。一方面支持向量机以它直观的几何解释、近乎完美的数学形式和良好的泛化能力，成功地解决了模型中欠拟合和非线性问题；另一方面，利用核函数将数据映射到高维空间，有效地克服"维数灾难"且需要人为设定的参数少，使用便捷。这些优点使其成为继神经网络模型以来机器学习领域研究中的热点。

从本质上讲，SVM 是一个二类分类器，分类结果不是"1"就是"0"，随着研究的深入，基于 SVM 构建多类分类器也有了进展。训练 SVM 时常常采用复杂且低效的二次规划求解方法。序列最小优化（Sequential Minimal Optimization，SMO）算法每次通过优化 2 个 alpha 值来加快 SVM 的训练速度。带权 SVM 使得每个范例在特征空间里不再是孤立的点，但在分类器空间仍有影响力。在处理大规模图像分类时，可用 SVM 开发出 ASGD 分类，在性能和分类精度上均有较大提升。

使用 SVM 进行分类的关键在于构建合适的核函数，该方法的最大优势也在于核函数的建立，核函数使得 SVM 有着更好的扩展性和适应性。贾世杰等提出基于数据驱动的核函数构建方法，计算各个样本数据的距离时充分考虑每个量化区间的区分性能，从而加强核函数对于不同类别的区分能力[95]。作为一个二值分类器，当其解决多类问题时，则需额外的方法对其进行扩展。

① PCA、LDA 与 SVM。

从分割视频序列中提取的特征值，由于维度过高，不能满足分类的需要，导致许多传统的分类方法失效，因此产生诸多降维的方法来解决这个问题。其中主流的方法是主成分分析（Principal Component Analysis，PCA）和线性判别分析（Linear Discriminant Analysis，LDA）。得到运动人体轮廓后，以外轮廓沿中线投影取得两个向量，作为步态特征。再使用 PCA 对得到的向量进行特征提取，将所得到的特征向量应用于 SVM 来进行步态的分类。另一种方法是在取得步态特征之后，使用 LDA 进行特征提取，再利用 SVM 进行分类。实验表明，这两种方法的识别率均在 70% 以上，达到了预期效果。事实上，PCA 与 LDA 结合使用也是可行的，将 PCA 和 LDA 同时应用于降低步态特征的维数，提高特征空间的拓扑结构。上述方法的识别率对比如表 6-2 所示。

表 6-2 识别率对比

结构名称	平均识别率（%）
PCA＋SVM	68.00
LDA＋SVM	74.06
PCA＋LDA	78.10

② 核函数与支持向量机。

在特征向量维数转换的问题上，核函数可以将数据从一个低维空间映射到高维空间，将一个本来在低维空间下的非线性问题转换为在高维空间下的线性问题来求解。随着核判别分析（Kernel Discriminant Analysis，KDA）被提出后，一方面将 KDA 与 SVM 结合使用完成步态识别；另一方面将核主成分分析（Kernel PCA，KPCA）与 SVM 结合使用完成步态识别，分析各自的参数优化方法用于确定核函数的主成分，从多帧步态序列中更好、更有效地提取到想要的步态特征。KPCA 采用非线性方法提取主成分，描述所取得的特征向量之间的相关性，选择合适的核函数完成识别。在此基础上研究者提出了核二维主成分分析（K2D－PCA），该方法具有更高的识别率和鲁棒性，且在抗噪声和处理缺失数据方面表现良好。

为达到最好的识别效果，SVM 必须每次针对不同的训练数据调整参数，且当识别种类较多时，"一对一"或"一对多"的识别方法会极大地增加计算负担，因此 SVM 更适用于临床诊断的场景。

2. 基于深度学习的步态识别方法

基于浅层模型的传统方法虽然在一定程度上缓解了各种协变量的影响，但对于解决不同视角下步态特征之间的高度、非线性和相关性问题依然缺乏有效地建模手段。此外，早期提出的步态模板无法完整保存步态序列中的时空信息，且机器学习方法缺乏对序列数据的端到端建模能力。近年来，深度学习技术由于具有强大的模型预测能力，已成为计算机视觉和图像处理领域通用的技术。以卷积神经网络和循环神经网络为基础的模型为图像和序列数据的特征抽取提供了有效方式。步态识别作为以图像序列为输入的任务，在一定程度上也可使用深度学习方法进行建模。基于神经网络的非线性模型也给消除步态识别中协变量的影响提供有效的解决手段。

近年来涌现出不少利用深度神经网络进行步态识别的研究成果。现有的基于深度学习的步态识别方法可分成判别式方法和生成式方法两类。

（1）判别式方法。

针对一段步态序列样本或步态模板 x，判别式方法可以分为两类。第一类为学习特征表示的方法。该类方法利用基于深度神经网络的特征学习网络建模投影 f，得到低维欧氏空间中 x 的协变量无关的特征表示 $z=f(x)$。利用学习到的特征表示 z，使用 K-近邻分类器在验证集中找到与 z 距离最近的样本。因为该方法可以直接保存验证集中样本的低维特征，所以在进行特征匹配时计算量较小，适用于聚类或检索任务。第二类为学习样本间的相似度函数 $C=(x^p，x^g)$，x^p 为注册样本，x^g 为验证样本。该类方法将步态识别问题看成二分类问题，即判断一个二元组步态序列是否来自同一个对象。相比学习特征表示的方法，该类方法需要在网络中进行二元组的特征融合，因此在评估时算法复杂度较高，但是该类方法可以直接根据学到的相似度进行一对一的身份验证。判别式方法的训练结构如图 6-14 所示。

① 基于预训练模型的方法。

深度步态（Deep Gait）利用预训练模型 VGG-16（Visual Geometry Group-16，视觉几何组-16）得到基于步态轮廓图的深度卷积特征表示。首先，通过提取轮廓图序列中的感兴趣区（Region of Interest，ROI）得到规范化后的轮廓图序列。然后，利用提出的步态周期检测方法对轮廓图序列进行周期检测。最后，将单个周期的轮廓图作为 VGG-

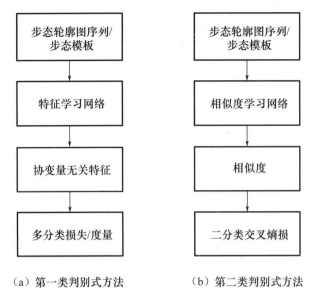

（a）第一类判别式方法　　　　（b）第二类判别式方法

图6-14　判别式方法的训练结构

16模型的输入，获得一组对应序列长度的特征表示。基于该组特征表示，通过如下最大池化操作计算用于识别的深度步态特征。

$$z = \max fc\,6_k \tag{6-16}$$

式中，$fc\,6_k$是步态周期中第k帧在VGG-16模型第1个全连接层的输出。得到步态特征表示后，利用归一化后的负欧氏距离作为相似度进行匹配。

$$S = \left\| \frac{z^p}{z^p} - \frac{z^g}{z^g} \right\| \tag{6-17}$$

式中，$\|\cdot\|$表示l_2范数；z^p表示注册样本；z^g表示验证样本。基于预训练模型的方法在无视角变化的情况下对步态图像具有一定的泛化能力，但在跨视角场景及协变量变化时无法有效提取具有判别力的特征。

② 基于步态能量图网络的方法。

不同于直接将步态轮廓图作为深度网络的输入，步态能量图是一种混合步态轮廓图序列中静态和动态信息的步态模板，通过计算一个步态周期中轮廓图像素的平均强度，得到模板中每个像素的能量。

$$\text{GEI} = \frac{1}{N} \sum_{t=1}^{N} B_t \tag{6-18}$$

式中，N为单个步态周期的帧数；B_t为步态周期中第t帧的轮廓图。为了解决步态识别中的跨视角问题，提出一个带有两层卷积层的网络结构，通过一个全连接层得到视角不变的特征表示。在训练过程中，将识别问题看成是训练数据集上的分类问题，在网络的最后一层使用softmax函数计算多分类的交叉熵损失。在测试阶段，利用得到的视角不变的特征，使用最近邻分类器进行识别。

③ 基于人体姿态关键点的方法。

基于人体姿态关键点的方法是利用姿态估计算法从原始视频序列中提取人体的姿态信息，其中包含 6 个人体关键点（左右臀部、左右膝盖和左右脚踝）在原始视频序列中每一帧的位置。为了消除相机与人的距离在行走过程中尺度变化的影响，首先对每个关键点的坐标进行规范化处理。

$$P_i' = \frac{P_i - P_{\text{neck}}}{H_{\text{nh}}} \tag{6-19}$$

式中，P_i 为第 i 个关键点的坐标；P_{neck} 为人体脖颈处关键点的坐标；H_{nh} 为臀部中心位置到脖子处的高度。在得到规范化的步态关键点序列后，使用基于姿态的时空网络（Pose-Based Temporal-Spatial Network，PTSN）学习步态特征表示。具体来说，利用卷积神经网络提取关键点序列中的空间信息，利用 LSTM 提取时间信息。对于损失函数的选择，同时使用多分类交叉熵损失函数和二元组损失函数，以加权求和的方式训练模型。

现有的姿态估计算法对遮挡、衣着和携带物变化具有较高的容忍性。相比使用步态图像，利用姿态关键点进行步态识别可以有效缓解协变量变化对步态识别性能的影响。但在跨视角的场景下未能验证模型的有效性。

（2）生成式方法。

步态识别的生成式方法将某种状态下输入的步态特征变换到另一种状态下再进行匹配或特征抽取。以跨视角场景下的步态识别为例，生成式方法首先将各种不同视角下的步态特征通过编码器进行编码，然后通过一个特征变换网络将编码后的特征变换到一个典型视角或某个验证集视角，最后通过解码器对变换后的特征进行重构。图 6-15 所示为生成式方法的训练结构。

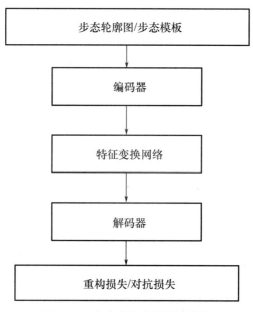

图 6-15　生成式方法的训练结构

① 基于姿态的长短期记忆模型和人体关节热图的方法。

利用基于姿态的长短期记忆（Pose-Based LSTM，PLSTM）模型对人体关节热图序列进行端到端的重构。首先使用基于卷积神经网络的人体姿态估计模型得到人体 12 个关节点的热图，并以此作为 LSTM 模型的输入。在编码阶段，把 LSTM 模型最后一个时间戳的输出作为该步态序列的特征表示；在解码阶段，通过重构另一视角的步态序列处理视角变化的问题。姿态估计方法的优势在于人体关节热图对衣着变化等协变量的影响小于步态轮廓；劣势在于单个模型只能得到两种视角下视角不变的特征表示，无法对三种及三种以上视角下的步态序列同时进行建模。

② 基于步态生成对抗网络的方法。

基于步态生成对抗网络（Gait Generative Adversarial Network，GaitGAN）的方法能够同时缓解视角和衣着等协变量对识别性能的影响，且生成对抗网络已经证明可用于对样本分布进行有效拟合。GaitGAN 主要由编码器、生成器及 2 个具备不同功能的判别器组成。编码器以任意视角或行走状态下的步态能量图作为输入，得到具有身份信息的隐表示。生成器以隐表示为输入，输出侧面视角下正常行走的步态能量图。为了保证生成器能够生成真实的步态图像，第 1 个判别器 D_R 以单幅步态图像作为输入，并将对应判别器的损失函数定义为

$$L_R^D(x) = -t\ln[D_R(x)] + (t-1)\ln[1-D_R(x)] \tag{6-20}$$

$$\text{s. t.} \begin{cases} 1 & x \in I \\ 0 & x \in \hat{I} \end{cases} \tag{6-21}$$

式中，I 为真实步态图像的集合；$\hat{I}$ 为生成器生成的步态图像集合。为了使生成的步态图像能够尽可能地保留原始图像的身份信息，提出使用域判别器（Domain Discriminator）作为第 2 个判别器。域判别器 D_A 以一对步态图像在通道维度上拼接后的双通道图像作为输入，其作用是判断输入的步态图像对是否具有相同身份，输出为图像的两个通道具有相同身份的概率。域判别器损失函数定义为

$$L_A^D(x_s, x) = -t\ln[D_A(x_s, x)] + (t-1)\ln[1-D_A(x_s, x)] \tag{6-22}$$

$$\text{s. t.} \begin{cases} 1 & x \in I_T \\ 0 & x \in \hat{I}_T \\ 0 & x \in I_{\bar{T}} \end{cases} \tag{6-23}$$

式中，x_s 为变换前的原始图像；I_T 为具有和 x_s 相同身份的侧面视角图像集合；$\hat{I}_T$ 为任意与 x_s 不同身份的侧面视角图像集合；$I_{\bar{T}}$ 为生成器生成的侧面视角图像集合。训练域判别器的目标是使具有相同身份的双通道图像输出的值接近于 1，而使不同身份或生成器生成的双通道图像输出的值接近于 0。

③ 基于多层自编码器的方法。

传统的生成式方法需要提前估计步态序列相对摄像头的角度，且对于每对角度都需要分别训练一个模型进行识别，缺乏在真实场景中的使用价值。为了提高生成式方法在步态识别中的实用性，基于多层自编码器的统一模型被提出，可以缓解步态识别中的视角、衣着和携带物等协变量改变对识别性能的影响。该模型使用步态能量图作为多层自编码器中

每层的输入及重构对象。前二层编码器以任意行走状态的步态能量图为输入，依次重构不受衣着和携带物影响的步态能量图；之后每层中，对输入的步态能量图进行逐步式的视角变换，即每层解决一个相对小的视角变化。通过这种方式，在网络的最后一层重构侧面视角下的步态图像。在训练阶段，首先独立训练每层自编码器的参数，训练完成后，优化器再对整个网络的参数进行微调；在测试阶段，以拼接模型后三层的隐特征作为视角不变的特征表示进行识别。该方法在一定程度上提高生成式方法的实际应用价值，但只能解决在多个不同的水平视角下进行步态识别的问题，无法处理视角的高度变化。

3. 其他常用方法

除了上述方法外，随机森林（Random Forest，RF）、K -近邻（K - Nearest Neighbor，KNN）、HMM 和生成对抗网络（Generative Adversarial Network，GAN）也常被用于步态识别。2018 年，研究者分别利用了 SVM、神经网络、RF、朴素贝叶斯和 KNN 共 5 种算法对偏瘫步态和正常步态进行了识别，从识别结果可以看出，不同的步态特征对应的最佳识别算法是不同的。GAN 是 Goodfellow 等提出的一种新的网络架构[96]。2017 年，Yu 等将该架构引入步态识别领域，建立 GaitGAN 来学习步态视图的不变特征，不同于传统的 GAN，GaitGAN 包含两个判别器以确保生成的步态图像具有真实性并且包含了可以识别身份的信息[97]。

为取得更好的识别效果，还可以将上述方法进行结合，以建立混合分类器对步态进行识别。

6.6　未来的研究方向

虽然近年来随着深度学习的发展，步态识别的准确率已有较大提升，但在该领域仍然存在一些需要解决的问题。为了更好地将步态识别运用到实际应用中，本节总结当前研究过程中存在的一些问题及未来可能的研究方向。

（1）对于序列数据的建模。机器学习方法为了降低模型的算法复杂度，选择使用特征维数低于步态轮廓图序列的步态模板作为模型输入，但是现有的步态模板通常会造成步态序列中时间与空间信息的丢失。直接对序列数据进行建模的方法将变长序列分割成若干个短序列以抽取多个特征，在一定程度上解决了上述问题，但是对多个特征进行平均池化的操作会丢失变长序列中完整的步态信息。使用长短期记忆模型解决了变长序列的问题，但在识别准确率上提升有限。因此如何有效处理变长序列，提取步态中的时序信息，值得进一步的研究。

（2）借鉴人脸识别与行人再识别中的方法。当前基于深度学习的步态识别方法中使用的损失函数，最早是在人脸识别和行人再识别中提出的，如三元组损失。因此后续的工作可以从人脸识别的相关工作中挖掘更多的可以用于步态识别的技术，并进行有效改进使其适用于步态数据。行人再识别利用计算机视觉技术判断视频或图像中是否存在特定行人。与步态识别的区别在于，行人再识别研究并不会分割原始图像，从而保留衣着颜色和背景信息。因此，行人再识别中的特征提取方式与步态识别可能存在差异。但是，同样作为对图像或视频的检索问题，行人再识别在模型和目标函数的选择上对步态识别具有一定的借鉴价值。

（3）结合步态轮廓图与人体关键点。人体姿态估计算法是计算机视觉领域的一个热点。现有工作已经可以有效处理人体姿态关键点的遮挡，做到实时运算。虽然该工作在有衣着变化和物体遮挡的情况下已被验证有效性，但并未扩展到跨视角的场景。因此，未来的研究方向是探索如何有效结合步态轮廓图与人体关键点两种特征，在保证识别准确率的同时增强模型对于视角、衣着和物体遮挡等因素的鲁棒性。

（4）多模态识别。随着生物认证技术对可靠性要求的进一步提高，单模态的生物特征已经无法满足需求。多模态生物认证技术作为一种新兴的互补式生物认证方式，可以有效缓解在单模态识别场景下的低可靠性问题。通过将步态与人脸、指纹和虹膜等其他生物特征进行有效融合，能够有效提高生物认证的可靠性，具有较强的研究价值。

（5）步态识别在其他任务上的扩展。从广义的角度来看，步态识别不仅包括对行人身份进行认证的技术，其相关工作也可以扩展到其他领域，如通过步态进行年龄估计与性别识别等。此外，通过对步态进行测量得到的相关指标可用于评估人体的健康状态、进行运动分析或用于对疾病的评估与预防等。

本 章 小 结

本章首先对步态识别进行了概述，介绍了步态识别系统的构成，着重说明了步态的特征提取方法并进行了比较说明；然后重点阐述了步态识别的主要方法，并对国内外常用的步态识别数据库做了介绍；最后介绍了步态识别的未来发展方向。

扩展阅读：

梁竞敏，2010. 基于集成学习支持向量机的步态识别 [J]. 计算机应用与软件，27（7）：104-106.

课 后 习 题

【知识扩展】
步态识别对
战记忆大师

一、简答题

1. 什么是步态识别？

2. 简单介绍一下常用步态数据集及其适用的范围。

3. 从基于模型方法和非模型方法两个方面阐述步态参数提取方法，并比较它们之间的异同点。

二、填空题

1. 步态识别技术的可行性来源于人类行走姿态的不同，因为人们在肌肉的力量、_____、骨骼密度、视觉的灵敏程度、_____、体重、重心、_____、生理条件及_____上都存在细微差异。

2. 基于模型的步态参数提取方法主要基于人体形态学和运动学建立骨骼模型。常见的骨骼模型有钟摆骨骼模型、_____和_____。其中，最常用的骨骼模型是

_____。

3. 基于深度学习的步态识别方法分为两类，分别为_____和_____。

三、判断题

1. 支持向量机是一种决策机，能产生一个二值决策结果。它的泛化能力较强，具有良好的学习能力，并且学到的结果具有较好的推广性。（　　）

2. 判别式方法有基于预训练模型的方法、基于人体姿态关键点的方法、基于人体姿态关键点的方法、基于多层自编码器的方法。（　　）

3. 利用开源的姿态估计算法从原始的视频序列中提取人体的姿态信息，其中包含 6 个人体关键点（左右臀部、左右膝盖和左右脚踝）在原始视频序列中每一帧的位置。（　　）

第7章 手势识别

手势识别是当前计算机科学领域的一个研究热点，目的是通过算法来识别人类手势。手势可以源自身体任何部位的运动或状态，但通常源自面部或手部。用户可以使用简单的手势来控制设备或与设备交互，而无须接触它们。手势识别可以被视为计算机理解人类身体语言的方式，从而在机器和人之间搭建比文本用户界面或图形用户界面更直接的桥梁。手势识别使人们无须任何机械设备即可与机器自然交互，如用手指指向计算机屏幕，使光标做相应地移动等。

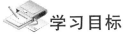 学习目标

> 了解手势识别的基本概念、特点和分类；
> 掌握传统的静态手势识别方法；
> 掌握传统的动态手势识别方法；
> 掌握基于深度学习的手势识别；
> 了解手势识别未来的发展方向。

 学习任务

知识要点	能力要求	学习课时
手势识别概述	（1）了解手势识别的发展历史 （2）掌握手势识别系统的构成和识别流程 （3）了解手势识别的分类	1课时
传统的手势识别方法	（1）掌握传统的静态手势识别方法 （2）掌握传统的动态手势识别方法	1课时

知识要点	能力要求	学习课时
基于深度学习的手势识别	（1）掌握卷积神经网络理论 （2）掌握双流网络识别方法 （3）掌握长短期记忆网络识别方法 （4）掌握3D卷积神经网络理论	3课时

导入案例

3D手势1

目前，车载人机交互以触控显示屏和语音为主。虽然触控显示屏的识别精度和清晰度日渐提升，但其必须接触屏幕表面，限制了用户的使用空间和灵活性。因此，多层次的交互方式逐渐被企业所关注，触控、语音及与体感控制的融合将成为下一波热潮。

下面从已能实现手势识别且量产的企业、展示过手势识别但暂未量产的企业两个维度来介绍手势识别在汽车行业的应用现状。

1. 已能实现手势识别且量产的企业

（1）宝马。

3D手势2

手势识别功能搭载车型：宝马7系、宝马5系。

手势识别区域：车机屏前方。

手势识别动作：7个手势动作。

手势识别技术提供商：德尔福。

量产情况：已量产，2015年9月上市。

采用方案及工作原理：TOF（Time of Flight，飞行时间）方案，通过中控台上方的3D红外摄像头发出光线，得到的数据会传递给车载系统的控制单元，由控制单元调出与识别出手势相对应的功能。宝马汽车手势识别系统如图7-1所示。

（2）君马。

手势识别功能搭载车型：君马SEEK 5。

手势识别区域：车机屏前方。

手势识别距离：15～35cm。

手势识别动作及控制功能：9个手势动作，如图7-2（a）所示。

量产情况：已量产，2018年8月20日上市。

采用方案及工作原理：TOF方案。君马汽车手势识别系统如图7-2（b）所示。

2. 展示过手势识别但暂未量产的企业

（1）谷歌。

手势识别动作：目前专利有6个，即扫手、轻拍、指向、抓取、聚拢、摆手。

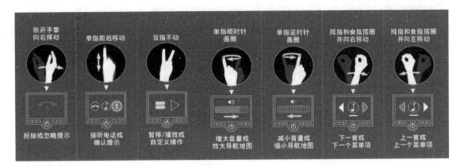

(a)

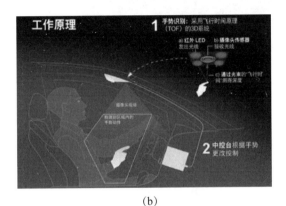

(b)

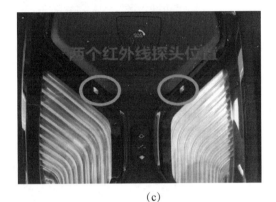

(c)

图 7-1 宝马汽车手势识别系统

1	音量+		6	下一曲（下一台）	
2	音量-		7	接电话	
3	音乐播放		8	挂电话	
4	音乐暂停		9	玫瑰花（全局界面响应）	拳头手心向上打开变为手掌	
5	上一曲（上一台）				

支持手势控制功能如下：

(a)

(b)

图 7-2 君马汽车手势识别系统

　　手势识别控制功能：地点导航、调整车内温度、调整车载音乐音量、选择歌曲、调整座椅位置及改变巡航控制系统的速度等。谷歌汽车手势识别系统如图 7-3 所示。

　　（2）奥迪（后排手势识别系统）。

　　手势识别动作及控制功能：移动张开的手掌实现点击；移动握紧的拳头实现滑动。例如，在导航界面，手向上下左右平移能够实现地图的平移操作，手向前或向后移动则能够实现地图的放大和缩小操作。奥迪汽车手势识别系统如图 7-4 所示。

比划手势，然后说出联系人的名字即可打电话　　　手指平放降低空调温度

头部左右摆动即可调节音量大小　　　　　　　手指竖起提升空调温度

图 7-3　谷歌汽车手势识别系统

图 7-4　奥迪汽车手势识别系统

7.1　手势识别概述

1. 手势识别的概念

手势动作是人体行为动作的一种，具有方便快捷、含义丰富和通俗易懂的特点，能够让人们在日常生活中以一种更自然、更直接的方式进行交互。因此，如何利用手势动作实现人机交互的问题越来越受到研究者的重视。手势识别是一种基于先进感知技术并融合了计算机模式识别技术的新型人机自然交互控制技术，可以分为基于视觉传感器的手势识别和基于可穿戴设备的手势识别。由于手势识别系统具有安装方便、成本低廉及用户体验好的特点，因此，在智能无人系统、养老助残和虚拟现实等领域有着广阔的应用前景。

最初的手势识别主要是利用可穿戴设备，直接检测手、胳膊等各关节的角度和空间位置。这些设备通过有线技术将计算机系统与用户连接，使用户的手势信息完整无误地传送至识别系统中，典型设备有数据手套等。这些设备虽然可提供良好的检测效果，但价格昂贵，难以将其应用在日常生活领域。

随着手势识别技术的发展，光学标记方法取代了数据手套。将光学标记戴在人的手上，通过红外线可将人手位置和手指的变化传送到系统屏幕上，该方法的效果良好，但仍需较复杂的设备。

外部设备的介入使手势识别的准确度和稳定性得以提高，但掩盖了手势自然的表达方式。因此，基于视觉的手势识别方式应运而生。视觉手势识别是指将视频采集设备拍摄到的包含手势的图像序列，通过计算机视觉技术进行处理，进而对手势加以识别。

2. 基于视觉的手势识别分类

基于视觉的手势识别技术的发展是从二维到三维的过程。早期的手势识别是基于二维彩色图像的识别技术，指通过普通摄像头拍出场景后，得到二维的静态图像，然后通过计算机图形算法对图像中的内容进行识别。随着摄像头和传感器技术的发展，可以捕捉到手势的深度信息，三维的手势识别技术就可以识别各种手型、手势和动作等。

（1）二维手型识别。

二维手型识别也称静态二维手势识别，是手势识别中最简单的一类，只能识别出几个静态的手势动作，如握拳或五指张开等。

这种技术只能识别手势的"状态"，而不能感知手势的"持续变化"。其本质上是一种模式匹配技术，先通过计算机视觉算法分析图像，然后和预设的图像模式进行比对，从而理解这种手势的含义。因此，二维手型识别只能识别预设好的状态，拓展性差，控制感弱，用户只能实现最基础的人机交互功能。

研究该技术的代表公司有被 Google 收购的 Flutter。安装 Flutter 软件之后，用户可使用几个手型来控制播放器，其工作过程如图 7-5 所示。

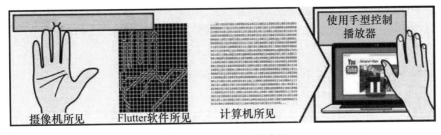

图 7-5　Flutter 工作过程

（2）二维手势识别。

二维手势识别不含深度信息，仍停留在二维层面。这种技术比起二维手型识别稍复杂一些，不仅可以识别手型，还可以识别一些简单的二维手势动作，如对着摄像头挥手，如图 7-6 所示。

二维手势识别（图 7-7）具有动态的特征，可以追踪手势的运动，进而识别手势和手部运动结合在一起的复杂动作。这种技术虽然在硬件要求上和二维手型识别没有区别，但得益于更加先进的计算机视觉算法，可以获得更加丰富的人机交互内容。在使用体验上也有所提高，从纯粹的状态控制变成了丰富的平面控制。

研究该技术的代表公司有 PointGrab、EyeSight 和 ExtremeReality。

图 7-6　二维手势识别示意图

图 7-7　二维手势识别场景

（3）三维手势识别。

相比二维手势识别，三维手势识别增加了一个 z 轴的信息，可以识别各种手型、手势和动作。这种包含一定深度信息的手势识别，需要特别的硬件来实现，常见的硬件有传感器和光学摄像头等。

目前主要有以下 3 种硬件实现方式。

① 结构光（Structure Light）。

结构光技术的基本原理是，通过激光的折射及算法计算出物体的位置和深度信息，进而复原整个三维空间。由于其依赖折射光的落点位移来计算位置，因此不能计算出精确的深度信息，对识别的距离也有严格要求。结构光测量原理如图 7-8 所示。

研究该技术的代表公司有 PrimeSense。以 Kinect V1 的结构光技术为例，在短距离内，折射的位移不明显，该技术不能精确地计算出深度信息，1～4m 是其最佳应用范围。

② 飞行时间（Time of Flight）。

飞行时间技术的原理是，加载一个发光元件，通过 CMOS 传感器捕捉计算光子的飞行时间，根据光子飞行时间推算出光子飞行的距离，得到物体的深度信息。飞行时间是三维手势识别中计算最简单的，不需要计算机视觉方面的计算。飞行时间测距原理如图 7-9 所示。

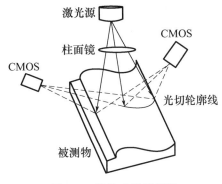

图 7-8　结构光测量原理

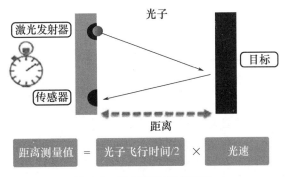

图 7-9　飞行时间测距原理

研究该技术的代表公司有 SoftKinetic，其为 Intel 提供了带手势识别功能的三维摄像头。该硬件技术也应用于 Kinect V2 中。

③ 多角成像（Multi-camera）。

多角成像技术使用两个或两个以上的摄像头同时采集图像，通过比对这些不同摄像头在同一时刻获得的图像差别，使用算法来计算深度信息，实现多角三维成像。基于双摄像头的手势识别原理如图 7-10 所示。

多角成像是三维手势识别中硬件要求最低的，但也是最难实现的。多角成像不需要额外的特殊设备，完全依赖计算机视觉算法来匹配两张图像中的同一目标。相比结构光或飞行时间这两种成本高、功耗大的技术，多角成像提供"价廉物美"的三维手势识别效果。

3. 手势识别的发展现状

人机交互技术在计算机领域一直是重点研究内容。人机交互是指人如何与机器之间进行"对话"和"交流"，让机器理解人的意图从而执行相应的指令，最终完成人对机器的操作。进一步讲，人机交互是指人与智能终端之间的交互，这些智能终端主要有计算机、智能手机及其他带有智能芯片的设备。从手工操作第一代计算机——ENIAC 开始，到鼠标、键盘，再到图形化的操作界面及现在的模式识别，交互方式变得更智能和便捷。伴随

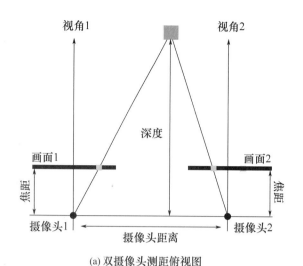

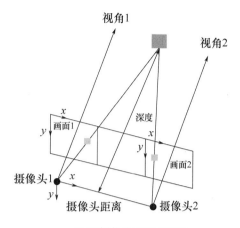

(a) 双摄像头测距俯视图　　　　　　　　(b) 双摄像头测距立体图

图 7-10　基于双摄像头的手势识别原理

着近几年人工智能浪潮的兴起，深度学习和超强的计算能力为人机交互带来新的发展和应用，如人脸识别已成功应用于火车检票系统，指纹识别已应用于智能手机上的移动支付。

　　相比人脸、指纹仅作为身份验证的方式，手势在空间和时间上有着更为丰富的表现形式，因此具有更广泛的应用场景。手势交流以其直观、自然和舒适的特点，成为除语言外人们使用最多的交流方式。在日常生活中，手势交流随处可见：交通警察通过手势指挥交通；在体育运动中裁判通过手势进行判罚等。目前，基于手势识别的人机交互广泛应用于各种智能终端中，如虚拟现实和增强现实；智能驾驶系统中利用手势识别操控车载音响；网络在线教育中老师利用手势与学生互动等。

　　图 7-11 所示为静态手势与动态手势。静态手势识别只是对一幅图片中的手型做出分类，如对"剪刀"这种手势进行分类，在学习特征时只关注手势的空间特征。动态手势识别则是对图像序列组成的手势进行识别，在特征提取时不但要提取空间特征还要提取时间特征——时空特征提取，这是动态手势识别的难点之一。动态手势识别的另外一个难点是动态手势的不确定性，这种不确定性有两个方面。

V形手势　　　　　　　　侧扫手势

(a) 静态手势　　　　　　(b) 动态手势

图 7-11　静态手势与动态手势

　　（1）完成一个动态手势所需时间的不确定性，即不同的人在做同一种动态手势时有不同的表现时间，即使是同一个人完成同一种手势所需时间也不同。

（2）当动态手势完成时，手型在空间上是不确定的，即表达相同的手势时，不同的人在空间上具有不同的手型。虽然动态手势的识别难度高于静态手势，但动态手势在表现时更加自然，能带来更加舒适的操作体验，其不确定性也使得动态手势的类别更丰富，具有更广泛的实际应用和更高的研究价值。

在实际应用场景中，光照变化的复杂性和背景的复杂性是影响识别准确率的重要因素，同时也应注重识别算法的实时性。目前研究者已经提出了多种动态手势识别算法，有动态手势的特征提取算法如 HOG 3D 算法，也有分类器算法如 HMM 等。

7.2 基于传统方法的视觉手势识别

1. 传统基于视觉的静态手势识别方法

静态手势识别以静止的手势形状为识别目标，要求识别图像中的静态手势，只需要一张图像即可满足要求。由于静态手势比连续手势更简单，在连续手势识别系统中，通常采用静态手势作为系统控制命令，如开始、结束及其他特定的控制手势。

随着硬件系统的发展，静态手势识别的算法复杂度不断提高，由简单的特征分类方法向以贝叶斯及更复杂的辨识模型为基础的手势识别方法发展。有研究者采用基于 Hu 矩和 SVM 的算法，研究表示 0～9 的静态手势识别技术。有研究者研究将神经网络应用于静态手势识别，在手部特征提取中采用增长型神经网络凸性特征和骨架化两种方法描述手部区域特征。有研究者借助基于表观的手势模型，在二次分类方法中使用 8 个手势特征作为手势识别参数，并在实时环境中对识别方法进行测试。有研究者采用切线距离作为样本与模板之间的相似性度量标准，该模板匹配方法在一定程度上消除了视角问题，如平移、旋转、缩放和粗细变化等各种仿射变换。有研究者根据手势图像具有以手掌区域为中心，手指位于周围形成不同行为的特点，以圆周分布的辐射区域明显不同作为不同手势的判别依据，并使用了辐射投影方法和半径不变矩方法，讨论基于辐射信息在手势识别中的应用。

同时，有研究者采用基于 12 个傅里叶描述子的手势特征提取和基于 7 个不变矩的手势特征提取，在傅里叶描述子个数的选择上进行手势识别研究。有研究者针对静态手势具有旋转、尺度和平移的可变性问题，采用基于边界信息的特征描述 LCS（Localized Contour Sequence，固定轮廓序列），在一定程度上解决手部旋转、大小变化和平移的问题。有研究者提出基于二维极坐标傅里叶描述子的手势特征提取算法，该方法对手势图像识别率较低，对易受噪声干扰的问题有抑制作用。该算法具有平移、尺度、旋转不变性，它使用二维傅里叶描述子的同时，使用了手势图像的边界信息和内部信息。有研究者在手势特征提取和识别部分采用了两种方法：首先使用层次离散相关（Hierarchical Discrete Correlation，HDC）提取关键点特征，然后采用 Canny 算子进行边缘检测。有研究者在静态手势识别中采用改进的方向梯度直方图方法。

小知识：SVM 是按监督学习方式对数据进行二元分类的广义线性分类器，其决策边界是对学习样本求解的最大边缘超平面。

SVM 使用铰链损失函数计算经验风险并在求解系统中加入正则化项以优化结构风险，

是一个具有稀疏性和稳健性的分类器。SVM 可以通过核方法进行非线性分类，是常见的核学习方法之一。

SVM 提出于 1964 年，在 20 世纪 90 年代后快速发展并衍生出一系列改进和扩展算法，在人脸识别、文本分类等模式识别问题中得到应用。

2. 传统基于视觉的动态手势识别方法

与静态手势相比，动态手势识别由于具有灵活多变、表意"词汇"丰富及在浸入式游戏中有更好的用户交互感等特点，受到越来越多人的关注。动态手势识别以手语为主要研究对象，而手语主要包括以下特征：手部运动、手部方向、手部形状，以及表达感情色彩的脸部表情等特征。由于实际手语交流中，多以手部运动为主要判别依据，因此目前大量的研究以手部的运动信息为主。随着研究的深入，出现了融合多种信息的动态手势识别系统。

传统基于视觉的动态手势识别流程如图 7-12 所示。在传统方法中，首先通过视频采集终端采集连续的图像序列送入计算机；然后通过手势分割算法将图像序列中的手势从复杂背景中分割提取，通过手势跟踪算法获取手势的运动信息（包括空间上的手势变化和时间上的手势运动轨迹），再通过手工设计的特征提取算法提取整个图像序列的时空特征；最后用各种分类器算法对手势特征进行分类。

图 7-12 传统基于视觉的动态手势识别流程

（1）手势检测与分割。

一个良好的手势分割算法至关重要，因为后续的处理会依赖手势分割的结果。研究者对基于肤色、手势轮廓、运动信息和纹理等信息的手势分割算法进行了深入研究，将其应用于不同的环境场景。

① 基于肤色的手势分割。

肤色是人体携带的特征，当背景色与肤色反差大时，基于肤色的手势分割成为最有用的算法，该算法还具有实现简单和执行效率高等优点。在进行手势分割前，首先在颜色空间中建立肤色模型。YCbCr 是研究者进行肤色检测时使用最多的颜色空间。相比于 RGB 颜色空间，YCbCr 颜色空间将亮度与颜色分离，很好地限制了肤色分布的区域且肤色聚类性效果明显，可以满足不同肤色分割的要求。目前，在 YCbCr 颜色空间中，混合高斯模型和概率模型等是常用的肤色分割模型。使用最广泛的是 Rein 等提出的肤色椭圆模型，其最早应用于人脸分割。此后，方奎等将肤色椭圆模型用于静态手势分割。基于肤色的手势分割算法的主要缺点是，当背景中存在接近肤色目标或图像中含有人脸等其他肤色器官时，该算法分割效果较差。因此为了提高分割的准确性，一般与基于运动信息和基于轮廓的分割算法混合使用。

小知识：YCbCr 颜色空间通常用于影片中的影像连续处理，或数字摄影系统中。Y 为颜色的亮度成分，Cb 和 Cr 为蓝色和红色的浓度偏移量成分。

② 基于运动信息的手势分割。

基于运动信息的手势分割主要应用在视频中，对连续变化的动态手势做分割。在视频中手势是主要的运动目标，背景一般是静止的，通过一些运动目标检测算法即可定位手势，将手势从背景中分割出来。背景减除法、帧差法和光流法是相对简单且使用较多的运动目标检测算法。背景减除法首先要建立背景模型，最简单的方法是将不属于待检测目标的图像作为背景，然后将视频中的每一帧图像的像素与背景图像的像素相减求出差值，当差值的绝对值大于预先设定的阈值时，则判定该像素属于目标。研究者还提出了一些背景建模方法，如卡尔曼滤波方法、混合高斯模型建模方法和统计平均法等。帧差法原理与背景减除法原理类似，区别在于帧差法是对视频中的相邻帧进行作差。两者的原理可用如下公式表示。

$$\Delta I(x,y) = |I(x,y) - D(x,y)| \tag{7-1}$$

$$F(x,y) = \begin{cases} 1 & \Delta I(x,y) > T \\ 0 & \Delta I(x,y) \leqslant T \end{cases} \tag{7-2}$$

式中，$\Delta I(x,y)$ 为两幅图像作差后的绝对值；T 为设定的阈值；当 $F(x,y)$ 为 1 时，判定该像素属于运动目标，当 $F(x,y)$ 为 0 时，判定该像素属于背景区域。光流法是将三维空间中目标的运动映射成平面图像上像素的变化，通过计算图像中像素的运动速度来获取目标的运动信息，相比其他方法可以准确获取每个像素的运动信息，缺点是算法更复杂。基于运动信息的手势分割算法的不足之处在于，当视频中存在除手势外的其他运动目标时，手势分割效果不理想。

③ 基于轮廓信息的手势分割。

由于轮廓信息是人手独有的特征，因此相比其他分割方法，基于轮廓信息的手势分割可以避免不同种族和肤色的差异所带来的影响，同时对光照变化有一定的鲁棒性。目前广泛采用的方法有边缘检测法和模板匹配法。边缘检测法通过边缘检测算子获取手势的边缘，主要适用于背景简单的图像。当背景较复杂时，背景边缘会对手势边缘产生强烈干扰。模板匹配法是通过预先设定好的手势模板在待检测图像上遍历，计算与图像上所有目标的匹配度来定位手势。但由于手势变化多样，使得手势没有固定的模板，同时在整个图像上遍历带来高昂的计算代价，研究者已放弃使用模板匹配法进行手势分割。此外还有基于活动轮廓模型、视觉显著性和全卷积神经网络的手势分割算法，这些算法各有优缺点，一般采用多种分割算法的组合，实现优势互补。基于轮廓信息的手势分割流程如图 7-13 所示。

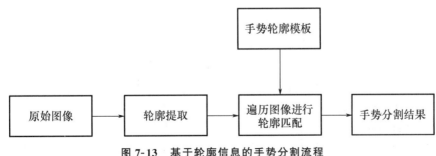

图 7-13 基于轮廓信息的手势分割流程

（2）手势跟踪。

手势跟踪可以作为动态手势识别中的一个步骤，也可以单独应用于人机交互中，如通过跟踪手势来控制光标的移动等。手势跟踪首先要在视频的第一帧通过手势分割算法获得待跟踪手势，然后利用手势跟踪算法不断在后续帧中定位手势，所以手势跟踪在功能上代替的是后续视频帧的手势分割。通过对视频中每一帧图像做手势分割可以达到手势跟踪效果，但手势分割算法计算量大、无法达到实时性要求。目前，研究者根据对跟踪目标建立模型的方法，产生了两种目标跟踪算法：生成式目标跟踪算法和判别式目标跟踪算法。

① 生成式目标跟踪算法。

生成式目标跟踪算法首先对目标提取特征，如 Hu 矩特征、颜色特征等。然后遍历整幅图像，将图像上某区域块提取出的特征与待跟踪目标的特征进行相似性度量，相似性最高的区域即为待跟踪目标。不断地对视频中的每帧图像进行此操作，即可实现目标的跟踪。比较经典的生成式目标跟踪算法有 Meanshift、Camshift、卡尔曼滤波和粒子法等。Meanshift 算法是最简单的一种跟踪算法，其跟踪过程如下。

a. 检测到人手后，对人手在 HSV 颜色空间的色调分量（H）进行直方图统计。

b. 对步骤 a 中的直方图进行反向投影，计算整幅图像的概率分布。

c. 通过 Meanshift 算法计算出概率图重心，即可追踪到人手位置。

Meanshift 算法的缺点是当目标轮廓类似于背景时容易丢失目标，如在跟踪人手时，如果背景中出现接近肤色物体，人手跟踪效果会变差。

② 判别式目标跟踪算法。

判别式目标跟踪算法是对视频中每一帧图像的像素进行前景与背景分类。对目标进行跟踪时，将当前帧目标所包含的像素作为正样本，背景区域作为负样本来训练分类器，在下一帧中利用分类器寻找相似的区域作为目标区域，然后在后续帧中不断重复此操作完成对目标的跟踪。目前流行的判别式目标跟踪算法有 Struck 算法和 TLD 算法。余超等首先通过 Haar 级联分类器进行静态手势检测，然后通过改进版的 TLD 算法对手势进行跟踪并提取手势运动轨迹，最终通过改进版的 DTW 算法完成动态手势识别[98]。张毅等则在TLD 算法中，运用卡尔曼滤波和隐马尔可夫模型解决手势跟踪的遮挡问题，并提升了处理速度[99]。

（3）手势特征提取。

在任何目标分类中，高效提取目标特征并去除冗余数据对最后的分类结果至关重要，手势识别也不例外。特征在图像领域中还没有精准的定义，一般理解为代表该图像的 段编码，不同类别的图像提取出的特征具有高度的差异性和可靠性。特征提取使图像从高维数据变为低维数据、去除冗余数据，从而加速分类器识别速度并提高识别精度。静态手势的特征提取只需关注手型上的空间变化；动态手势的特征提取则是从图像序列中提取空间和时间特征，必须要结合上下相邻帧，这使特征提取变得更困难。在视频分类中包括动作识别和动态手势识别，根据特征提取的范围可划分为全局特征提取和局部特征提取。

① 全局特征提取。

在提取全局特征之前，要将对象从图像中定位或分割出来，然后进行某种特征提取，形成全局特征。全局特征包含对象的全部信息，包括对象各个部分之间的拓扑结构，如多个手指的相对位置。但它依赖底层的视觉信息，需要对目标在视频中进行精确的分割和定位，因此如果目标受到遮挡及视角变换，全局特征的效果就会变差。Ahad 等最早使用轮廓特征来描述人体动作，并引入了 MEI，为达到更好的特征描述效果，在 MEI 的基础上改进算法提出了运动历史图（Motion History Image，MHI)[100]。MEI 可以反映出在空间中哪个位置存在运动目标；MHI 则表示在视频或图像序列中某位置像素在一定时间段内的运动情况，最后运动的目标在 MHI 中具有最高的像素值，即将视频中的目标在时间上的运动变化映射到二维灰度图像中。设 H 为运动历史图像素值，计算公式如下。

$$H_\tau(x,y,t)=\begin{cases}\tau & \Psi(x,y,t)=1\\ \max(0,H_\tau(x,y,t-1)-\sigma) & \Psi(x,y,t)\neq1\end{cases} \tag{7-3}$$

式中，t 为持续时间，t 太小会丢失部分运动信息，太大则运动方向不明显；σ 为衰减参数；$\Psi(x，y，t)$ 为更新函数；由帧差法给出；ξ 为人工设定阈值，可设置为

$$\Psi(x,y,t)=\begin{cases}1 & D(x,y,t)\geqslant\xi\\ 0 & D(x,y,t)<\xi\end{cases} \tag{7-4}$$

其中

$$D(x,y,t)=|I(x,y,t)-I(x,y,t\pm\Delta)| \tag{7-5}$$

式中，$I(x，y，t)$ 为视频中第 t 帧像素强度值；Δ 为帧间隔。

图 7-14 所示为手势序列计算生成的运动历史图。MHI 和 MEI 为二维的全局特征提取，因为它们将三维空间中的运动映射到二维平面，此外还有三维的全局特征——时空体（Spatial Temporal Volume，STV）图。

图 7-14 手势序列计算生成的运动历史图

图 7-15 所示为人体动作的 STV 图。由图可见，STV 图是将目标从图像中分割出来，然后进行拼接构成的一种图像。

图 7-15 人体动作的 STV 图

② 局部特征提取。

局部特征提取是自下而上地对目标局部进行特征提取。首先提取视频中的一些时空关键点（也称兴趣点），然后对这些关键点所在的区域进行进一步计算得到图像块，最后结合这些图像块来描述特定动作。局部特征的优点是不依赖目标的分割、定位和跟踪，对噪声和遮挡不敏感。但局部特征需要大量稳定的时空兴趣点作为支撑，在预处理阶段的计算量非常大。二维图像的兴趣点检测方法主要是角点检测，如 Harris 角点检测、Susan 角点检测等。角点特征常被用作目标的运动检测和跟踪，因此会用在动态手势识别中提取运动信息。Laptev 等为了更好地检测视频中目标的突变运动，将 Harris 角点检测扩展为 3D Harris，通过 3D Harris 提取的时空兴趣点在时间和空间中都存在显著变化[101]。Dalal 提出方向梯度直方图（Histogram of Oriented Gradient，HOG）算法[102]。HOG 算法是对图像中像素的梯度信息进行统计。它的主要步骤是：首先将图像中多个像素组成一个单元，计算每个单元的梯度信息；然后将多个单元组成一个块，生成一个块的梯度直方图；最后将所有块的梯度直方图组合，并进行对比度归一化得到 HOG 特征。在提取视频的 HOG 特征时，先计算图像序列中每一幅图像的 HOG 特征，然后沿时间维度将每一幅图像的 HOG 特征进行串联，生成视频的 HOG 特征。HOG 是空域中的局部特征描述符，Klaser 为了更好地在视频中提取局部特征，将 HOG 算法扩展为 HOG 3D 算法来提取时空特征[103]。HOG 3D 算法的步骤与 HOG 算法一致，只是将单元和块由平面扩展为立方体。HOG 3D 算法流程如图 7-16 所示。

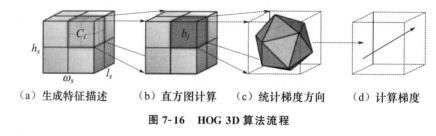

（a）生成特征描述　　（b）直方图计算　　（c）统计梯度方向　　（d）计算梯度

图 7-16　HOG 3D 算法流程

Ohn-Bar 将视频中的 HOG 算法、HOG^2 算法和 HOG 3D 算法应用到动态手势识别中提取特征，并对 3 个特征进行不同的组合形成新的特征，用 SVM 分类器进行分类，最终在 VIVA 数据集上通过实验得出 $HOG + HOG^2$ 能取得最好的识别准确率[104]。Klaser 为了更好地提取出视频中的运动特征提出了光流直方图（Histogram of Flow，HOF）统计描述符[105]。HOF 具备提取空间和时间两个维度特征的能力，首先计算相邻两帧图像中目标的运动信息生成光流图像，然后对光流图像做直方图统计。运动边界直方图（Motion Boundary Histogram，MBH）是对光流图像做梯度直方图统计，每张图像都会生成 x 方向和 y 方向光流图像，然后在生成的两张光流图像上计算 HOG 特征，即可得到 MBH。Willms 将二维的 SURF 特征扩展为三维的 SURF 特征（称为 eSURF 特征）[106]；Scovanner 将二维 SIFT 算法扩展为三维 SIFT 算法，在视频或图像序列中提取时空特征[107]。为了提高特征提取的鲁棒性和识别准确率，往往将局部特征和全局特征融合，达到互补的效果。

（4）动态手势分类算法。

当视频或图像序列通过时空特征提取算法提取到良好的时空特征后，即可将视频或图像序列转化为一维向量，一些经典的机器学习分类算法可以直接应用到动态手势分类中，如最近邻算法、K-Means 算法和逻辑回归算法等，最常用的分类算法是 SVM。除一些经典分类算法，专用于动作识别或动态手势识别的分类算法有隐马尔可夫模型和动态时间规整算法。

① 隐马尔可夫模型。

HMM 在机器学习算法中属于统计分析模型，最早用于自然语言处理如声音识别和文本预测，后来被应用于动态手势识别。通常时间序列或状态序列的问题，如文本预测、语音识别和动作分类等都可以使用 HMM 解决。此类问题中有两类数据，一种是可观察的称为观测序列，一种是不可观测的称为隐藏序列，两种序列的变化都是随机过程。HMM 在观测序列的基础上通过观测序列的概率矩阵和状态转移矩阵来预测隐藏序列的输出。HMM 是研究动态手势识别的一种重要方法。

② 动态时间规整算法。

DTW 算法属于模板匹配法的一种。在识别动态手势时，模板匹配法先将动态手势拆分成静态手势序列，然后将待分类的手势序列与已有的多种模板序列进行相似度计算，最后匹配出相应的手势。但其存在一个问题，即动态手势在时间上是不确定的，同一种手势由不同的人完成或同一个人多次完成同一种手势，手势的持续时间是不一样的，DTW 算法的提出就是用来解决此类问题。DTW 算法的基本步骤如下：定义两个时间序列 $P = \{p_1, p_2, \cdots, p_i, \cdots, p_n\}$ 和 $Q = \{q_1, q_2, \cdots, q_j, \cdots, q_m\}$；构造一个 $n \times m$ 的距离矩阵 $\mathbf{dist}$，$\mathrm{dist}(i, j)$ 为 p_i 和 q_j 之间的距离（距离计算可采用欧式距离）；定义累积距离矩阵 $\mathbf{D}$，$D(i, j)$ 为 $\mathrm{dist}(i, j)$ 与当前点相邻的点的最小累积距离之和。

$$D(i,j) = \mathrm{dist}(i,j) + \min[D(i-1,j)D(i,j-1),D(i-1,j-1)] \tag{7-6}$$

式中，$D(1, 1)$ 等于 $\mathrm{dist}(1, 1)$，$D(n, m)$ 就是 P 和 Q 的相似性度量。基于 DTW 算法的两个序列匹配图如图 7-17 所示。

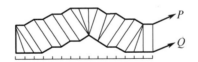

图 7-17　基于 DTW 算法的两个序列匹配图

7.3　基于深度学习的动态手势识别

传统的机器学习方法在处理原始的数据时存在较大局限性。机器学习的研究者需要相当多的专业领域知识，对需要进行的任务数据进行复杂的预处理，设计对应的特征提取器，将原始数据图像信息转换为特征向量，然后将得到的特征向量输入对应的分类器来输出目标类别。而深度学习可以通过组合简单非线性的模块，通过学习逐步将原始数据表示为高层特征。通过这种方式，深度学习可以学习非常复杂的特征表示。随着深度学习技术的发展与深度卷积神经网络的出现，尤其是 VGGNet、LeNet、ResNet、

DenseNet 等卷积神经网络模型的提出，针对图像的分类和识别取得了重大突破。由于深度学习在处理端到端问题时的强大学习能力，因此其可以处理更复杂的任务，如各种目标检测、视频智能监控和人体姿态估计等。近年来，已经有相当多的应用场景使用深度学习方法进行手势识别。

1. 卷积神经网络理论

卷积神经网络是人类模仿动物视觉特性及大脑神经传输方式设计的一个非线性数学模型。它可以将原始的数据（如图像、声音等）经过多层的非线性核函数的映射，生成高层次的特征表达，这些特征相对原始数据具有更强的判别性。1989 年，LeCun 等提出了第一个与现代网络结构类似的 LeNet 模型，用于手写体分类，并在论文中引入"卷积"一词[108]。其后，由于硬件计算能力的不足和数据样本的缺乏，导致卷积神经网络的理论研究和应用停滞。直到 2012 年，AlexNet 在 ImageNet 挑战赛中赢得冠军，使得卷积神经网络再次成为学术界研究的热点。随着图形处理器计算能力的提高，从 8 层的 AlexNet 到 16 层的 VGGNet，再到 152 层的 ResNet，网络结构朝着更深层次的方向发展。这些经典的网络模型大同小异，都是由卷积层、非线性映射层和池化层交替连接组成，最后通过全连接层进行分类。LeNet 网络结构如图 7-18 所示。

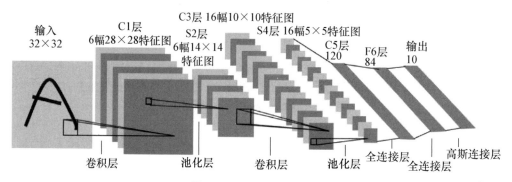

图 7-18　LeNet 网络结构

（1）卷积层。

在卷积神经网络中，卷积层的主要功能是：首先将特征图与当前层卷积核进行卷积运算来提取特征，然后将生成的新特征图送入下一个卷积层。为了降低网络的过拟合并提高神经网络的泛化能力，卷积层采用局部连接的方式，即一个神经元不需要与特征图中所有的特征点全部连接，只需连接与其相邻的局部区域。这种连接方式使底层的卷积层学习到局部特征，随着层次的加深，局部特征不断地综合抽象从而在高层形成全局特征。同时，为了降低网络参数量，一个卷积核在特征图上滑动卷积时，其参数是共享的。开始训练之前，卷积核的参数是随机初始化的，随着不断地训练，这些卷积核变成颜色、边缘、纹理等特定的特征提取器。卷积的表达式如下。

$$y^j = f(b^j + \sum_i w^{ij} * x^i) \tag{7-7}$$

式中，x^i 为第 i 个输入特征图；y^j 为第 j 个输出特征图；w^{ij} 为卷积核权值；b^j 为第 j 个输出特征图偏置；$f(\ )$ 为激活函数；× 代表卷积操作。卷积操作示意图如图 7-19 所示。

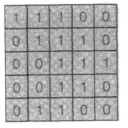 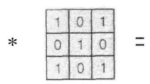

图 7-19　卷积操作示意图

（2）非线性映射层。

非线性映射层由各种激活函数构成，是深度卷积神经网络的核心层。非线性映射层的作用是为卷积神经网络提供非线性变化的能力，通过多层非线性映射层的级联提升网络的特征表达。如果没有非线性映射层，无论卷积神经网络多深，最终提取的特征都是原始数据的线性映射，无法解决非线性可分的数据分类问题。主要的激活函数有以下几种。

① sigmoid 函数是较早应用于人工神经网络的函数之一。其表达式如下。

$$\text{sigmoid}(x) = \frac{1}{1 + e^{-x}} \tag{7-8}$$

sigmoid 函数将原始数据的输出映射到（0，1）区间，同时在整个区间满足严格的单调递增性，并且其求导简单，非常适用于神经网络的反向传播。但该函数在数学性质上存在固有缺点：首先，sigmoid 函数存在双边饱和性质，即当 x 增大或减小到一定值时，其输出缓慢趋于 1 或 0，这使神经网络在进行反向传播求导时产生梯度消失的问题，从而进一步导致整个网络难以训练，卷积核参数无法更新；其次，sigmoid 函数的输出不是 0 均值的，这会改变样本的分布，影响网络的收敛。

② tanh 函数解决了 sigmoid 函数的输出不是 0 均值的问题，因而逐渐取代 sigmoid 函数。一个样本点经过 tanh 函数后输出为 ［−1，＋1］，并且函数曲线变化相比 sigmoid 更加陡峭，因此可以加快网络的收敛。但 tanh 函数仍无法解决 sigmoid 函数存在的双边饱和问题，所以在网络优化中同样存在梯度消失的问题。tanh 函数的表达式如下

$$\tanh(x) = \frac{1 - e^{-2x}}{1 + e^{-2x}} \tag{7-9}$$

③ ReLU 函数目前是卷积神经网络中最常用的激活函数，其表达式见式（7-10）。从式（7-10）可以看出，ReLU 函数去除了复杂的指数运算和乘除运算，所以更方便实现，且计算效率高于 sigmoid 函数和 tanh 函数。通过实验得出，在使用梯度下降算法优化时，由于 ReLU 函数在（0，＋∞）区间的线性特性使得训练时间要少于 sigmoid 和 tanh 这种饱和非线性函数。ReLU 函数的单边抑制性有效改善了神经网络优化时的梯度消失问题。但单边抑制性也带来一个麻烦，随着网络的迭代优化，一些神经元的值小于零，在进行反向传播时其梯度值永远为零，这使得无法对这些神经元进行更新学习，造成神经元坏死。

$$\text{ReLU}(x) = \begin{cases} x & x > 0 \\ 0 & x \leqslant 0 \end{cases} \tag{7-10}$$

为了解决 ReLU 函数存在的神经元坏死问题，研究者对 ReLU 函数进行了改进，提出

了 Leakey ReLU 和 Parametric ReLU 两种版本。表达式如下。

$$f(x) = \begin{cases} x & x > 0 \\ ax & x \leqslant 0 \end{cases} \tag{7-11}$$

当 a 等于 0 时，就是 ReLU 函数；当 a 不为 0 时，a 被人工设置为非常小的数，此时为 Leaky ReLU 函数。当 0 作为一个可训练参数，通过样本训练自适应学习，此时变为 Parametric ReLU 函数。实验证明，Leaky ReLU 函数在测试集上的分类效果一般，没有被证明好于 ReLU 函数；Parametric ReLU 函数可以加快网络的收敛，对网络有一定正则化的作用。不同激活函数曲线比较如图 7-20 所示。

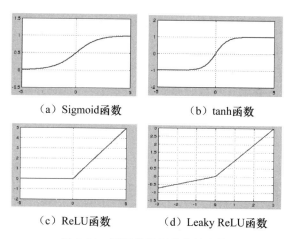

（a）Sigmoid 函数　　　　（b）tanh 函数

（c）ReLU 函数　　　　（d）Leaky ReLU 函数

图 7-20　不同激活函数曲线比较

（3）池化层。

池化层又称下采样层，一般紧随非线性映射层之后。其主要作用是减小特征图的尺寸，从而减少模型参数数量；降低网络过拟合风险，提高网络泛化能力。常用的池化方式有以下 3 种。

① 最大值池化（Max-Pooling）。最大值池化是选取一个邻域窗口中的最大值来代替整个邻域窗口，如图 7-21（a）所示。它可以消除非极大值的影响，具有平移不变性的优点。它是一种非线性操作，可以进一步提高卷积神经网络的非线性拟合能力，在卷积神经网络中应用最为广泛。

② 均值池化（Mean-Pooling）。均值池化是计算一个邻域窗口的平均值来代替邻域窗口，是一种线性操作。均值池化使特征更加平滑，如图 7-21（b）所示。均值池化主要用在 Network in Network 结构中来代替全连接层。

③ 随机池化（Stochastic-Pooling）。随机池化是从邻域窗口中随机采样一个值代替整个窗口，在卷积神经网络中很少应用。

（4）全连接层。

在经过多重卷积层对输入图像进行非线性映射后，提取的特征已经非常的抽象化。此时可以选择 SVM、决策树和随机森林等传统机器学习的方法进行分类，在卷积神经网络是通过全连接层进行分类。在全连接层中，前后两层的神经元完全连接，通过加权求和，

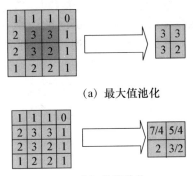

(a) 最大值池化

(b) 均值池化

图7-21　最大值池化和均值池化

这种线性变换将待分类特征映射到样本标签。由于全连接层的全连接性，卷积神经网络90％以上的训练参数都来自于此，因此全连接层中神经元个数的设置至关重要。通常情况下，全连接层中神经元的个数设置偏大，然后通过 Dropout 技术来降低网络模型的过拟合。Dropout 技术由 Hinton 应用到神经网络。简单来讲，Dropout 技术是通过一定的概率（概率范围为 0～1）使某个神经元在一次迭代中失去活性，即该神经元不参与网络的前向计算和反向传播，大大降低了参数的数量。同时，原有的固定连接神经元对权值更新作用减弱，促进网络学习更健壮的特征。全连接层结构与 Dropout 原理如图7-22 所示。

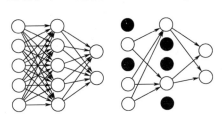

图7-22　全连接层结构与 Dropout 原理

2. 基于卷积神经网络的动态手势识别

在 AlexNet 网络提出后，深度卷积神经网络广泛应用于各种图像任务，如物体识别、目标分割与检测、图像显著性检测等。在此期间，也出现了一些经典的网络结构，如 VGGNet、LeNet 和 ResNet 等。鉴于卷积神经网络在图像领域的成功，研究者开始将 CNN 应用于视频任务，如人体行为识别和动态手势识别。但普通的卷积神经网络无法解决视频分类问题，因为在视频分类中需要提取时间特征和空间特征（即时空特征），而 2D 卷积神经网络只能提取图像的空间特征。因此，研究者对传统的卷积神经网络做出改进。目前有 3 种流行的网络模型用于视频分类：双流网络、长短期记忆网络、3D 卷积神经网络。

（1）双流网络。

双流网络（Two Stream Network，TSN）在 2014 年由 Simonyan 等提出，主要用于人体行为识别，并在 UCF101 数据集上取得当时最高的识别率[109]。双流网络由空间网络和时间网络两个网络组成。空间网络用来提取空间特征，网络的输入是视频中的某一帧图像，如第 t 帧；时间网络用来提取时间特征，网络的输入是连续的光流图像，如第 t 帧图像前后 5 帧共 11 帧计算出来的连续 10 帧光流图。空间网络和时间网络采用相同的网络结构，可用 VGGNet 等经典网络。两个网络的分类结果通过加权求和或 SVM 分类的方式融合。最初的双流网络如图 7-23 所示。

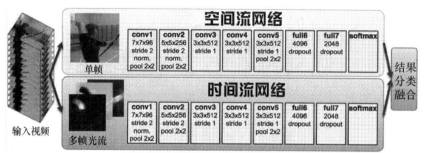

图 7-23　最初的双流网络

2016 年，Feichtenhofer 等对双流网络的融合方式做出改进，提出双流网络的 2.0 版本[110]。在新版的双流网络中，空间网络和时间网络提前在卷积层进行特征融合，对多种融合方式进行实验比较，在空间上的融合方式有 Max Fusion、Concatenation Fusion 和 Conv Fusion 等，时间上的融合有 3D Pooling 和 3D Conv＋3D Pooling 等。Wang 等对双流网络的输入提出改进，提出实用的时域分割网络（Temporal Segmentation Network)[111]。在时域分割网络中，Tang 等采用稀疏采样的方法，首先将图像序列分为 K 个片段，从每个片段中随机提取一帧共 K 帧，分别输入 K 个空间网络，计算每个片段的光流图像，然后输入对应的 K 个时间网络，最后组成 K 个双流网络。识别时，将 K 个双流网络的识别结果进行加权融合得到最终的结果。

（2）长短期记忆网络。

LSTM 是 RNN 的一个特殊版本。在 RNN 中，当前层神经元的输入包含来自上一层输出和来自历史同层次神经元的输出。简单理解，RNN 就是同一神经网络的简单复制，神经元会把当前输出传递给下一个模块。图 7-24 所示为 RNN 的展开结构。由图可见，t 时刻神经元的输出 h，既与当前时刻输入 X 有关也与历史神经元输出有关。因此 RNN 可以很好地解决与时间序列有关的问题，如文本预测、语音识别和图像描述等。但 RNN 存在一个问题，它只能解决短时的序列问题，而随着时间序列的增长，RNN 会出现"遗忘"历史信息的缺点。LSTM 则完美解决了这种长期依赖问题，同时还避免了 RNN 梯度消失的问题。

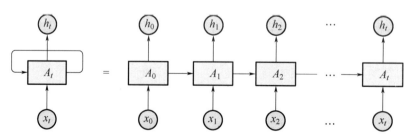

图 7-24　RNN 的展开结构

LSTM（图 7-25）在 RNN 的基础上引入 3 个门，分别为输入门 i_t、遗忘门 f_t 和输出门 o_t，来控制细胞状态，具体的更新方式如下。

$$f_t = \delta(\boldsymbol{W}_f \cdot [h_{t-1}, x_t] + b_f) \tag{7-12}$$

$$i_t = \delta(\boldsymbol{W}_t \cdot [h_{t-1}, x_t] + b_t) \tag{7-13}$$

$$\widetilde{C_t} = \tanh(\boldsymbol{W}_C \cdot [h_{t-1}, x_t] + b_C) \tag{7-14}$$

$$C_t = f_t * C_{t-1} + i_t * \widetilde{C_t} \tag{7-15}$$

$$o_t = \delta(\boldsymbol{W}_o [h_{t-1}, x_t] + b_o) \tag{7-16}$$

式中，$\boldsymbol{W}_f$、$\boldsymbol{W}_t$、$\boldsymbol{W}_C$ 和 $\boldsymbol{W}_o$ 为权值矩阵；b_f、b_t、b_C 和 b_o 为偏差；C_t 和 $\widetilde{C_t}$ 分别为细胞状态和隐藏状态；δ 和 $\tanh$ 分别为 sigmoid 函数和 tanh 函数。

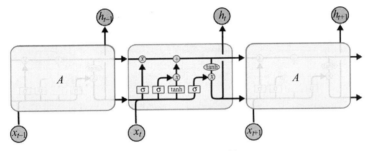

图 7-25　LSTM 结构

通过这 3 个门可以动态控制信息的输入与输出，从而解决 RNN 存在的长期依赖问题。使用 LSTM 对动态手势进行识别时，首先将图像序列送入普通的卷积神经网络提取空间特征，然后通过 LSTM 对提取的空间特征序列化，最后通过全连接层进行分类。

（3）3D 卷积神经网络。

① 2D CNN 结构。

CNN 作为深度学习算法的一种，在图像分类和识别及语音识别领域具有极大的研究前景。CNN 的 3 个重要特点即权值共享、局部感知和下采样，使其非常适合图像和语音等数据的处理。权值共享使网络神经元节点参数大大减少，局部感知能够简化网络结构，下采样能有效对输入数据进行降维和特征提取。CNN 模型采用和 BP 神经网络类似的梯度下降法，对网络中的权重逐层反向学习进行修正，以最小化代价函数为目标不断迭代训练提高网络的精度。2D CNN 结构如图 7-26 所示。

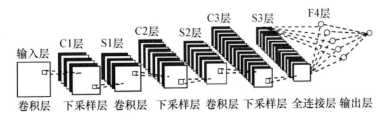

图 7-26　2D CNN 结构

2D CNN 结构相比传统人工神经网络，增加了进行特征提取的卷积层和特征降维的降采样层。在卷积层中，卷积核与上一层不同的特征图进行卷积，然后通过一个激活函数得到当前层的特征图，计算式为

$$x_j^l = f\left(\sum_{i \in M_j} x_i^{l-1} * k_{ij}^l + b_j^l\right) \tag{7-17}$$

式中，x_j^l 表示第 l 层中的第 j 个特征图；k_{ij}^l 表示第 $l-1$ 层的第 i 个特征图与第 l 层的第 j 个特征图之间的卷积核；b_j^l 表示第 l 层中的第 j 个特征图的偏置；M_j 表示输入特征图的集合。输出的激活函数 $f(*)$ 可以有很多种，一般选取 sigmoid 函数或 tanh 函数。对于降采样层来说，有多少个输入特征图就有多少个输出特征图，但输入特征图经过下采样后减少了输入的特征维数和神经元节点的参数，有利于防止过拟合。下采样过程可表示为

$$x_j^l = f\left[\text{down}(x_j^{l-1}) + b_j^l\right] \tag{7-18}$$

式中，$\text{down}(x_j^{l-1})$ 表示对第 $l-1$ 层中的第 j 个特征图进行下采样。典型的操作是对输入的图像不同 $n \times n$ 块的所有像素进行求和，然后取均值，这样第 l 层的特征图大小都缩小了 n 倍。

全连接层上每一个神经元均与上一层特征图上所有神经元相连接，因此全连接层的输出可表示为

$$u^l = W^l x^{l-1} + b^l \tag{7-19}$$

$$x^l = f(u^l) \tag{7-20}$$

式中，x^{l-1} 为全连接层上一层神经元的输出；W^l 为全连接层与上一层连接的权重；b^l 为偏置。

② 3D CNN 结构。

2D CNN 对于二维的图像等具有很强的特征提取能力，但对于视频连续图像的处理容易丢失特征目标的运动信息，另外在视频连续图像的训练样本数目较少的情况下，2D CNN 提取的特征数目有限，容易导致识别效果不理想，而且较少的训练样本可能会造成网络过拟合。为了改善 2D CNN 在处理视频连续图像上的缺点，采用一种新的 3D CNN 结构对 2D CNN 结构进行改进。

3D CNN 结构如图 7-27 所示。网络的输入由连续 5 帧图像组成，每帧图像的大小为 48×36，因此输入数据大小为 $48 \times 36 \times 5$；卷积层 C1 的 3D 卷积核数目为 6 个，每个 3D 卷积核的权重均相同，3D 卷积核大小为 $5 \times 5 \times 3$，输入数据经过卷积后得到 6 幅大小为 $44 \times 32 \times 3$ 的特征图；下采样层 S1 使用大小为 $2 \times 2 \times 1$ 的采样窗口进行下采样，因此得到 6 幅大小为 $22 \times 16 \times 3$ 的特征图。同理，C2 层 3D 卷积核数目为 24 个，大小为 $5 \times 5 \times 3$，经过卷积后得到 24 幅大小为 $18 \times 12 \times 1$ 的特征图，经过下采样后得到 24 幅大小为 $9 \times 6 \times 1$ 的特征图。

3D CNN 通过堆积多个连续帧图像组成一个图像立方体，然后使用 3D 卷积核对图像立方体进行卷积。卷积层中每一个特征图都与上一层中的多个连续帧图像相连接，因此输入的图像立方体经卷积后，特征图中就会包含目标的运动信息。3D CNN 卷积过程如图 7-28 所示。

输入图像立方体经 3D 卷积核卷积就可以得到包含运动信息的特征图，特征图中像素

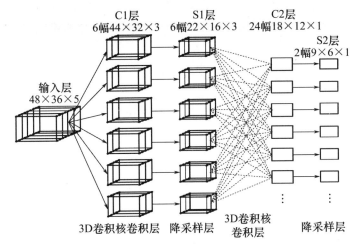

图 7-27 3D CNN 结构

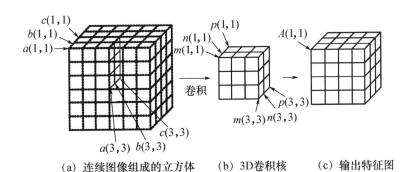

(a) 连续图像组成的立方体　(b) 3D卷积核　(c) 输出特征图

图 7-28 3D CNN 卷积过程

点 $A(1,1)$ 为

$$A(1,1)=a(1,1)\times m(1,1)+a(1,2)\times m(1,2)+a(1,3)\times m(1,3)+a(2,1)\times m(2,1)+$$
$$a(2,2)\times m(2,2)+a(2,3)\times m(2,3)+a(3,1)\times m(3,1)+a(3,2)\times m(3,2)+a(3,3)\times$$
$$m(3,3)+b(1,1)\times n(1,1)+b(1,2)\times n(1,2)+b(1,3)\times n(1,3)+b(2,1)\times n(2,1)+b(2,2)\times$$
$$n(2,2)+b(2,3)\times n(2,3)+b(3,1)\times n(3,1)+b(3,2)\times n(3,2)+b(3,3)\times n(3,3)+c(1,1)\times$$
$$p(1,1),+c(1,2)\times p(1,2)+c(1,3)\times p(1,3)+c(2,1)\times p(2,1)+c(2,2)\times p(2,2)+c(2,3)\times$$
$$p(2,3)+c(3,1)\times p(3,1)+c(3,2)\times p(3,2)+c(3,3)\times p(3,3) \tag{7-21}$$

③ Multi-Column 3D CNN 结构。

虽然 3D CNN 相比 2D CNN 更适合视频连续图像的处理，但其在训练样本数量有限的情况下识别效果仍不够理想，为了进一步提高 3D CNN 对动态手势的识别准确率，可采用一种多列深度 3D CNN（Multi-Column 3D CNN）结构，如图 7-29 所示。该结构由多个不同结构的 3D CNN 构成，每组 3D CNN 的 3D 卷积核和特征图数目均不相同，从而对输入的图像提取的特征也不相同，因此对输入的图像识别效果不尽相同。Multi-Column 3D CNN 的输出结果采用一种投票法获得，即每组 3D CNN 均对输入的图像进行识别，然后对每组 3D CNN 的识别结果进行投票，得票数最多的结果作为 Multi-Column 3D CNN 的最终输出结果。实验结果表明，Multi-Column 3D CNN 对手势的识别结果优于最优结构的单组 3D CNN。

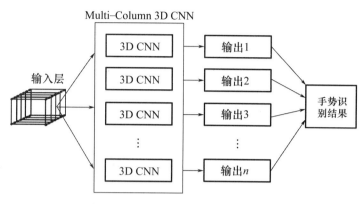

图 7-29　**Multi-Column 3D CNN 结构**

④ 算法复杂度分析。

Multi-Column 3D CNN 计算量主要来源于图像的卷积过程，因此图像尺寸、卷积核大小、卷积层卷积核个数及卷积层数目均会影响算法计算速度。单个 2D CNN 卷积核对一幅图像进行卷积操作需要的计算量可表示为

$$K = \sum_{a=1}^{W-m+1} \sum_{b=1}^{H-n+1} \left[\sum_{i=1}^{m} \sum_{j=1}^{n} k_{ij} A_{(a+i-1)(b+j-1)} \right] \qquad (7\text{-}22)$$

式中，k_{ij} 表示大小为 $m \times n$ 的卷积核；A 表示大小为 $W \times H$ 的输入图像。

2D CNN 通常采用多层卷积层，每层采用多个不同的卷积核来提取输入图像的不同特征，当卷积核数目和卷积层数目增加时，计算量均会增加。而 3D 卷积核由多个不同权重的 2D 卷积核组合而成，因此，3D CNN 对输入图像进行卷积的计算量可表示为

$$C = \sum_{p=1}^{P} \prod_{q=1}^{Q} \prod_{t=1}^{T} K_{pqt} \qquad (7\text{-}23)$$

式中，P 表示 3D CNN 卷积层数目；Q 表示 3D 卷积核的数目；T 表示 3D 卷积核中 2D 卷积核的数目。

从而，Multi-Column 3D CNN 的计算量可表示为

$$U = \sum_{f}^{F} \sum_{p=1}^{P} \prod_{q=1}^{Q} \prod_{t=1}^{T} K_{pqt} \qquad (7\text{-}24)$$

式中，F 表示 Multi-Column 3D CNN 中包含的 3D CNN 结构数目。

由上述可知，Multi-Column 3D CNN 的计算量主要取决于 3D 卷积核中 2D 卷积核的数目，以及 3D 卷积核的数目和 3D CNN 结构数目。当 3D 卷积核中 2D 卷积核的数目增加时，Multi-Column 3D CNN 的计算量相比 2D CNN 成倍增加；而当 3D 卷积核数目及 3D CNN 结构数目增加时，Multi-Column 3D CNN 的计算量相比 3D CNN 成倍增长，相比 2D CNN 成指数倍增加。因此，在实际应用中必须严格控制 Multi-Column 3D CNN 中包含的 3D CNN 结构数目及 3D 卷积核数目，以达到手势识别效果与识别

速度的均衡。

⑤ 实验结果与分析。

下面采用来自英国的帝国理工学院计算机视觉与学习实验室的剑桥手势数据集
(Cambridge Hand Gesture Dataset，CHGDs) 进行分析，该手势数据集包含 9 类不同手
势：手掌手指合并向左运动（Flat/Leftward，FL），手掌手指合并向右运动（Flat/Right-
ward，FR），手掌手指合并手掌收缩（Flat/Contract，FC），手掌手指张开向左运动
（Spread/Leftward，SL），手掌手指张开向右运动（Spread/Rightward，SR），手掌手指张
开手指合并（Spread/Contract，SC），V 形手势向左运动（V-shape/Leftwand，VL），V
形手势向右运动（V-shape/Rightward，VR），V 形手势手指合并（V-shape/Contract，
VC），如图 7-30 所示。每类手势由连续 100 幅图像序列组成，每类手势又包括 20 种不同
姿态，总共约 18000 幅手势图像，每幅图像大小为 320 像素×240 像素。

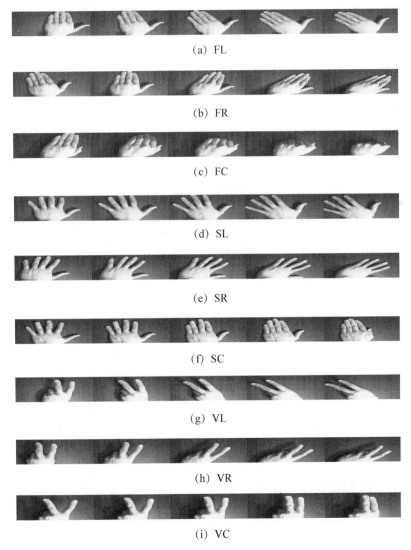

(a) FL

(b) FR

(c) FC

(d) SL

(e) SR

(f) SC

(g) VL

(h) VR

(i) VC

图 7-30　CHGDs 的 9 类手势

因为数据集中每类手势有 20 种姿态，每种姿态光照不同，从 20 种姿态手势图像中随机选取一部分的连续 5 帧的手势图像作为 3D CNN 的训练样本，其余部分作为测试样本。3D CNN 对连续帧手势图像的特征提取过程如图 7-31 所示。

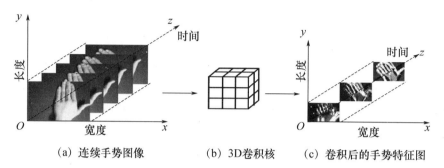

（a）连续手势图像　　　　（b）3D 卷积核　　　（c）卷积后的手势特征图

图 7-31　3D CNN 对连续帧手势图像的特征提取过程

在图 7-31 中，x 轴与 y 轴构成的平面表示 2D 图像平面，z 轴则是由连续图像组成的时间维，因此，z 轴反映了手势的运动信息。传统的 2D CNN 只能在 2D 图像上进行特征提取，导致在 z 轴时间维度上的运行信息丢失，因此在识别视频帧中连续运动的动态手势时容易导致误识别，实验结果也反映了这一点。而 3D CNN 因为采用了 3D 卷积核，可以对连续图像进行特征提取，因此可以捕捉到在时间维度上的手势运动信息，3D CNN 很好地提取到了手势运动的动态信息。

由于 3D CNN 结构相比 2D CNN 更加复杂，样本训练时间也更久。为了能实时地识别手势，本次实验只训练了 10 组具有两层卷积层的 3D CNN 结构，将 10 组中识别结果最优的 3D CNN 与 Multi-Column 3D CNN 进行比较，结果如表 7-1、表 7-2 所示。

表 7-1　10 组中识别结果最优的 3D CNN

手势类别	识别率（%）
Flat/Leftward	87.24
Flat/Rightward	88.71
Flat/Contract	90.40
Spread/Leftward	84.15
Spread/Rightward	89.32
Spread/Contract	84.44
V-shape/Leftward	91.63
V-shape/Rightward	92.04
V-shape/Contract	86.90
平均识别率	88.31

表 7-2 10 组中识别结果最优的 Multi-Column 3D CNN

手势类别	识别率（%）
Flat/Leftward	92.14
Flat/Rightward	93.78
Flat/Contract	95.20
Spread/Leftward	93.11
Spread/Rightward	96.56
Spread/Contract	95.67
V-shape/Leftward	97.05
V-shape/Rightward	96.62
V-shape/Contract	95.71
平均识别率	95.09

由表 7-1、表 7-2 可知，10 组中识别结果最优的 3D CNN 对 9 种手势的平均识别率为 88.31%，而 Multi-Column 3D CNN 对 9 种手势的平均识别率达 95.09%，提高了接近 7%。因为在网络训练时 3D 卷积核的权重每次都会发生变化，而且网络结构和卷积核数目的差异，均会导致每组 3D CNN 提取到的手势特征各不相同；而 10 组 3D CNN 组合成的 Multi-Column 3D CNN 结构则能通过对 10 组 3D CNN 输出的特征向量进行权衡，将权重最高的类别作为输出结果，因此，分类能力强于单组 3D CNN。

由于传统 2D CNN 对于视频连续帧图像的特征提取能力有限，容易丢失目标时间维上的运动信息，因此采用一种更加复杂的 Multi-Column 3D CNN 结构来对视频连续图像进行处理。在 3D CNN 特征提取过程中使用 3D 卷积核处理连续的视频图像，从而可以提取到目标的运动信息。实验结果表明，Multi-Column 3D CNN 对于连续运动目标具有很强的识别能力，相比 2D CNN，不仅能提取到图像的 2D 结构信息，而且能提取到目标的 3D 运动信息。虽然 Multi-Column 3D CNN 具有一定的分类能力，但分类速度仍需进一步提高，而且网络训练阶段耗费较多的时间。虽然可以使用图形处理器加速技术来加速 CNN 的训练和特征提取过程，但仍然无法解决网络训练时间过久的问题，因此优化 Multi-Column 3D CNN 结构并且寻找一种快速卷积算法，是下一步需要研究的问题。

7.4 未来的研究方向

基于视觉的手势交互是人与机器人交互的重要方式，具有交互自然、方便的优点，对人与机器人协作共融具有重要意义，其研究是目前机器人领域的重要研究方向之一。虽然目前已经取得了一些阶段性研究成果，但是由于机器人所处环境（如背景、光照等）复杂多变，机器人视觉手势交互的关键技术，以及手势交互与其他交互方式相结合等方面有许多问题亟待解决。

（1）复杂背景下的手部检测。在手部检测过程中，现有大多数研究假设手势背景为简单背景，但在机器人实际应用中，手势者通常处于复杂环境（如背景环境变化、光照变化等）。复杂背景因素增大了对手部检测的难度，导致手部检测准确率下降，影响手势识别准确率。因此，研究复杂背景下的手部检测问题可提高手势识别的鲁棒性，对人与机器人视觉交互具有重要意义。

（2）体感设备的诞生增强了手势表达的信息。传统手势识别基于 RGB 图像信息，无法获取手势与摄像头的距离、手势骨架三维特征。随着体感设备的诞生，如微软 Kinect、华硕 Xtion Pro Live、Leap 的 Leap Motion 等，它们不仅能获取 RGB 图像信息，还可以获取深度信息。将二维图像信息与深度信息相结合的方法引起了学者的关注，如何进一步利用体感设备成为手势识别领域的研究热点。

（3）机器人视觉手势交互与其他交互方式的结合。机器人视觉手势交互在视听通道结合，多停留在视觉或语音模式在不同环境下的转换，视听通道相结合的研究有待完善，视听触等多通道融合交互技术有待深入，交互多义性等问题有待解决。

（4）基于机器人操作系统的功能集成。由于机器人技术涉及多种技术，如即时定位与地图构建、路径规划等。为了增强手势交互的通用性和可移植性，目前发展趋势是基于机器人操作系统开发所需功能模块。

（5）以用户为核心，综合多门学科的自然、和谐的人机交互。手势识别是手势交互的关键技术，手势识别技术的发展不仅需要计算机硬件和软件的理性认知，还需要心理学、人类工效学等学科的共同努力，使交互在更高层次上符合人类的认知和使用。能够更简单、准确地传递意图信息，从而使人机交互更自然、和谐。

机器人视觉手势交互具有重要的科学价值和广阔的应用前景，随着机器人与人的联系越来越紧密，基于视觉的机器人手势交互必将在"人机协作""人机共融"中发挥重要作用，在家庭服务、助老助残和示范性教学等领域获得广泛应用。

本 章 小 结

本章对手势识别进行了概述。首先介绍了手势识别系统的构成，分析了静态手势识别与动态手势识别的基本原理；然后着重介绍了动态手势识别方法和基于深度学习的动态手势识别；最后介绍了手势识别未来的发展方向。

扩展阅读：

1. 吴晓凤，张江鑫，徐欣晨，2018. 基于 Faster R-CNN 的手势识别算法 ［J］. 计算机辅助设计与图形学学报，30（3）：468-476.

2. 易靖国，程江华，库锡树，2016. 视觉手势识别综述 ［J］. 计算机科学，43（S1）：103-108.

3. 杨纪争，冯筠，卜起荣，等，2017. 面向静态手势识别的边缘序列递归模型算法 ［J］. 计算机辅助设计与图形学学报，29（4）：599-606.

课 后 习 题

一、简答题

1. 什么是手势识别？它们的应用情况如何？

2. 简述传统基于视觉的静态和动态手势识别方法，并分别说明它们的优缺点。

3. 举例说明手势识别未来的发展方向。

二、填空题

1. 传统基于视觉的动态手势识别流程分为五步，分别为图像序列、＿＿＿＿＿＿＿＿、手势跟踪、＿＿＿＿＿＿＿＿、手势分类。

2. 一个良好的手势分割算法至关重要，因为后续的处理会依赖手势分割的结果，本章介绍了3种手势分割方法，分别为＿＿＿＿＿＿＿＿、＿＿＿＿＿＿＿＿、＿＿＿＿＿＿＿＿。

3. 静态手势的特征提取只需关注手型上的空间变化；动态手势的特征提取则是从图像序列中提取＿＿＿＿＿＿＿＿，必须要结合＿＿＿＿＿＿＿＿。在视频分类中包括动作识别和动态手势识别，根据特征提取的范围可划分为＿＿＿＿＿＿＿＿提取和＿＿＿＿＿＿＿＿提取。

三、判断题

1. 轮廓信息作为人手独有的特征，相比其他分割方法，基于轮廓信息的手势分割可以避免不同种族和肤色的差异所带来的影响。（　　　　）

2. 全局特征在提取特征之前要将对象从图像中定位或分割出来，不需要再进行某种特征提取，就能形成全局特征。（　　　　）

3. 卷积神经网络是人类模仿动物视觉特性及大脑神经传输设计的一个非线性数学模型，它可以将原始的数据如图像、声音等经过多层的非线性核函数的映射，生成高层次的特征表达，这些特征相对于原始数据具有更强的判别性。（　　　　）

第8章
其他模式识别

　　手指静脉识别是一种新型生物特征识别技术，它利用手指内的静脉分布图像进行身份鉴别。掌纹识别是近几年提出的一种新型生物特征识别技术。掌纹是指手指末端到手腕部分的手掌图像，其中很多特征可以用来进行身份鉴别，如主线、皱纹、细小的纹理、脊末梢、分叉点等。掌纹识别是一种非侵犯性的识别方法，用户在心理上易接受，并且此识别方式对采集设备要求不高。此外还有一种新兴的生物特征识别技术——人耳识别。人耳具有独特的生理特征和观测角度的优势，使人耳识别具有良好的理论研究价值和实际应用前景。

 学习目标

- ➤ 了解手指静脉识别的概念；
- ➤ 掌握手指静脉识别方法；
- ➤ 了解掌纹识别的概念；
- ➤ 掌握掌纹识别方法；
- ➤ 了解人耳识别的概念；
- ➤ 掌握人耳识别方法。

学习任务

知识要点	能力要求	学习课时
手指静脉识别	(1) 掌握手指静脉识别系统的构成和识别流程 (2) 掌握手指静脉识别方法	1 课时
掌纹识别	(1) 掌握掌纹识别系统的构成和识别流程 (2) 掌握掌纹识别方法	1 课时
人耳识别	(1) 掌握人耳识别系统的构成和识别流程 (2) 掌握人耳识别方法	1 课时

8.1 手指静脉识别

导入案例

支付宝和微信支付的出现，改变了人们的支付方式，出门在外手机是最重要的工具。之后人脸支付的出现引起了很高的热度，未来手机对人们的重要性将会降低。但是人们去超市买东西，人脸在摄像头前晃来晃去，似乎并不是很稳定的办法。于是英国一家公司提出使用手指静脉识别支付，并且已在一家超市投入使用。

现在，伦敦布鲁内尔大学的学生们在校内的 Costcutter 商店可使用手指静脉识别技术进行支付，这是全球首家支持手指静脉支付的超市。手指静脉付费系统如图 8-1 所示。

(a)

(b)

图 8-1 手指静脉付费系统

该系统支持识别湿的、脏的手指，甚至是表层受损或带有伤口的手指。因为手指扫描仪可以透过皮肤"看"到静脉血管的纹理。相比传统的指纹识别，手指静脉识别更加稳定，不会因为手指潮湿、不干净或破损等情况导致无法识别。同时不必担忧指纹被盗用等情况，因为静脉图像是不可复制的，而且必须具有生命体征。

**手指静脉
识别技术**

1. 手指静脉识别概述

手指静脉识别是利用手指静脉特征实现身份认证的一项生物特征识别技术。同指纹相比，手指静脉不仅具有高度唯一性，而且具有活体性、防伪性和特征稳定性。身份认证在民航领域具有重要价值，如防范非法人员登机、危害民航安全等。手指静脉识别技术比指纹识别技术更有效地解决人员的身份认证问题，为机场实现出入人员管理提供技术手段，有广泛的应用前景。

从技术体系而言，手指静脉识别主要包括 4 个阶段：图像采集、预处理、特征提取和特征匹配。典型的手指静脉识别系统的流程如图 8-2 所示。第 1 步是手指静脉图像采集，手指静脉图像采集设备主要分为透射式和反射式两种，如图 8-3 所示。受采集设备质量、光照条件等因素的影响，采集到的手指静脉图像会带有一定噪声，图像质量不够理想，因此需要采用相应的预处理技术加以解决；为了有效解决光照散射问题，点扩散函数（Point Spread Function，PSF）和改进的 Koschmieder 模型等方法被用于提高手指静脉图像的质量。

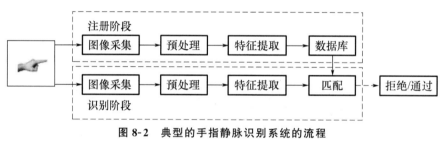

图 8-2　典型的手指静脉识别系统的流程

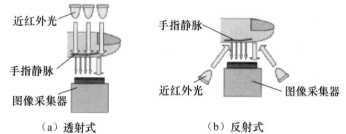

图 8-3　两种手指静脉图像采集方式示意图

2. 手指静脉的特征

手指静脉特征主要包括纹路特征、纹理特征、细节点特征和通过学习获得的特征。

（1）纹路特征。

手指静脉的纹路特征是指从静脉灰度图像中提取出静脉网络，并使用静脉网络进行识别，该类特征能够较好地表达静脉整体的拓扑结构。有文献提出了一种基于平均曲率的静脉纹路提取方法，首先计算每个像素点的平均曲率，然后使用负的平均曲率找到静脉的纹路结构。假设手指静脉图像用 f 表示，平均曲率 H 的计算式为

$$H = \frac{1}{2}\frac{f_{xx}f_y^2 - 2f_{xy}f_x f_y + f_{yy}f_x^2}{(f_x^2 + f_y^2)^{\frac{3}{2}}} \tag{8-1}$$

（2）纹理特征。

在手指静脉识别中，图像的纹理特征常用局部二值化来表达。二值化通过当前像素的灰度值与邻域像素的灰度值对比来获得。如果邻域中一个像素的灰度值小于当前像素的灰度值，则用"0"标记，否则，用"1"标记，从而得到二值码串。分别使用 LBP 和局部导数模式（Local Derivative Pattern，LDP）提取静脉的纹理特征，并比较这两种特征效果。LBP 通过比较中心像素与邻域像素的灰度值大小获得一个有序的二值码集合，该集合将作为特征在匹配阶段使用。记 i_c 为中心像素点的灰度值，$i_n(n=0，\cdots，7)$ 为 8 个邻点的像素值，通过下式得到二值码集合。

$$LBP(x_c,y_c) = \sum_{n=0}^{7} s(i_n - i_c) 2^n \tag{8-2}$$

式中，函数 $s(x)$ 的定义为

$$s(x) = \begin{cases} 1 & x \geqslant 0 \\ 0 & x < 0 \end{cases} \tag{8-3}$$

（3）细节点特征。

手指静脉的细节点特征是指静脉图像中血管的分叉点、端点。手指静脉图像及提取的细节点如图 8-4 所示。

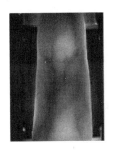　　

（a）手指静脉图像　　（b）ROI图像　　（c）提取的细节点

图 8-4　手指静脉图像及提取的细节点

3. 手指静脉识别方法

通过机器学习提取手指静脉特征用于识别，称为通过学习获得特征。使用 PCA 法对手指静脉图像的感兴趣区（Region of Interest，ROI）进行降维，获得手指静脉图像的主要成分分量特征。为进一步提高 PCA 法获得的主成分特征的区分性，在 PCA 降维的基础上，使用 LDA 提取其更具区分性的特征。考虑到静脉在水平、垂直两个方向上的信息，使用双向二维主成分分析（2D PCA）方法学习获取手指静脉图像的特征，取得了良好的效果。研究发现，在手指旋转、光照条件变化等条件下采集到的手指静脉图像具有流型分布特点，使用流型学习中的正交邻域保持投影（Orthogonal Neighborhood Preserving Projections，ONPP）对图像进行降维，取得了更好的实验结果。稀疏表达在人脸识别中取得比较成功的应用，受此启发，使用稀疏表达提取静脉特征，获得了更好的识别效果。

小知识：主成分分析是一种统计方法。通过正交变换将一组可能存在相关性的变量转换为一组线性不相关的变量，转换后的变量称为主成分。在实际课题中，为了全面分析问题，往往提出与此有关的变量（或因素），因为每个变量在不同程度上反映这个课题的某些信息。主成分分析首先是由 Pearson 针对非随机变量引入的，之后霍特林将此方法推广到随机向量的情形。信息的大小通常用离差平方和或方差来衡量。

4. 手指静脉识别存在的问题

经过国内外专家十多年的努力，当前手指静脉识别的研究取得了很大的进展，并在考勤、门禁、银行、汽车安全等领域得到了一定的应用，但仍存在许多困难需要解决。较为共识性的挑战性问题主要有以下几个。

（1）降低采集设备价格、提高采集设备质量的问题。目前市场上的手指静脉采集设备价格较高，且图像采集质量有待提高，使得手指静脉识别研究和应用受限。

（2）低质量图像对识别性能的影响问题。部分手指静脉图像质量偏低，导致静脉纹路、细节点等特征无法提取或提取不正确，因此影响识别性能。

（3）采集时手指姿态的变化对识别性能的影响问题。手指静脉图像采集过程中，手指随机放置在成像设备上，导致手指的平移、旋转等问题。当同源图像中手指存在较大的平移、旋转时，图像的相似度会下降，导致无法正确识别。

（4）大规模用户群及室外采集条件如何确保识别性能的问题。对于大规模用户群，需要考虑的主要是识别时间问题。用户越多，匹配时间越长。室外采集是指被采集者在室外且没有指导的情况下进行图像的采集，这将使得图像质量和手指平移、旋转问题更加严重。如何克服这些困难以确保识别速度和识别正确率值得深入研究。这些问题已经引起同行的充分关注，学术界和企业界已有专家开展相应的研究工作。

8.2　掌　纹　识　别

导入案例

某视频平台上的掌纹识别自动门（图 8-5）包括外面板、内面板、固定块、挡板、外把手、单向轴承、内把手、第二扭力弹簧、第三扭力弹簧、凸轮、T 形滑槽、T 形杆、限位杆、限制板、受压弹簧、安装孔、限位装置、限位孔、控制板、指纹识别器和可编程逻辑控制器。外面板与内面板之间有固定块和挡板，外面板远离固定块的一侧安装有外把手，且外把手通过扭力弹簧与外面板连接。外把手通过单向轴承与转轴的一端连接，转轴的另一端依次穿过外面板和内面板通过第二单向轴承与内把手连接，且转轴与外面板和内面板的连接处均通过轴承转动连接。

富士通掌纹识别安全设备（图 8-6）无须接触，只要将手悬浮在识别设备上，就能完成验证。

1. 掌纹识别概述

掌纹识别是近几年提出的一种新型生物特征识别技术。掌纹是指手指末端到手腕部分的手掌图像。其中很多特征可以用来进行身份鉴别，如主线、皱纹、细小的纹理、脊末梢

掌纹识别（上）

掌纹识别（下）

图 8-5　掌纹识别自动门

图 8-6　富士通掌纹识别安全设备

和分叉点等。掌纹识别是一种非侵犯性的识别方法，对采集设备要求不高[112,113]。

掌纹识别具有以下独特的优势。

（1）准确度较高，具有主线、皱纹、脊末梢和分叉点等辨识度高的纹理特征。

（2）掌纹图像采集十分便捷，即使采集设备的分辨率较低也不影响识别。

（3）掌纹识别稳定可靠，掌纹的形态主要由遗传基因控制，即使特殊原因导致表皮剥落，新生的纹路依然保持原有不变的结构。

2. 掌纹识别流程

基本的掌纹识别流程包括图像获取、图像预处理、特征提取、建立掌纹数据库、特征匹配、特征融合，最终获得测试结果，如图 8-7 所示。图像采集过程要求充分仿真实际场景。预处理过程主要是提取 ROI，常用算法为参考坐标系算法。特征提取从全局或局部范围提取特征。匹配过程基于某个预先确定的匹配准则匹配测试样本与其他样本。

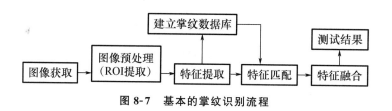

图 8-7　基本的掌纹识别流程

3. 掌纹识别算法

（1）基于手工设计的识别算法。

为了最大限度地区分不同人的掌纹图像，进行精确的身份验证，新的特征提取算法不断出现，不仅特征类型越来越多，而且提取特征的方法也更准确有效。

基于人工设计的特征提取方法，主要根据图像的特点设计"特定"的滤波器以提取特征，包括纹理、方向和频率，同时也出现新的特征类型。例如，为了充分利用掌纹纹线的信息，双向特征得到更广泛的应用。

（2）基于编码特征的识别算法。

基于编码的方式是将掌纹图像的特征转换成数字编码，降低空间复杂度。常用的编码方式首先使用滤波器对掌纹进行特征提取，然后根据一定的准则进行编码，以编码形式存储，最后通过二进制算术运算获得图像间的相似度。随着 IrisCode 的出现，编码技术得到迅速发展，人们相继提出 PalmCode、Competitive Code、融合代码和序数代码。相比相位信息，掌纹纹线的方位信息受到更多的关注。此外，滤波器的设计、编码方案、掌纹图像分类原则及其稳健性的提高和优化方案的设计工作都在持续进行。

为了研究 Gahor 滤波器的数量及其方向的影响，Yue 等提出优化的模糊 C 均值聚类算法，确定每个 Gahor 滤波器的方向。Shen 等使用与掌纹图像卷积的 Gahor 小波改进 PalmCode，采用 LBP 对中心像素处的小波响应幅度与其邻近像素的响应幅度之间的关系进行编码。

（3）基于结构特征的识别算法。

基于结构的方法是从指纹识别中移植的传统识别技术，关键在于利用边缘检测算法提取脊线、主线或特征点的方位信息。但使用提取后的线条或点代替真实的掌纹纹线会损失很多图像信息。

对于以主线和特征点为识别核心的方式，Li 等改进 Hilditeh 算法并应用边缘检测方法消除图像分叉，获得单像素掌纹主线的图像[114]。Parihar 等测试 3 种特征点提取方法：尺度不变特征变换（Scale Invariant Feature Transform，SIFT）、Harris 角点检测器和与 Gahor 滤波器相结合的方向梯度直方图，并分别应用于接触式和非接触式的掌纹识别[115]。

（4）基于统计特征的识别算法。

基于统计的方法是利用图像的统计概念提取特征，即方差、标准差、平均值、不变矩和密度等。目前主要有两个研究方向：基于变换的方法和非变换法。

经典变换由小波变换和傅里叶变换组成，可较好地表征掌纹图像的多尺度频域信息。然而该方法主要提取局部特征，必须在圆形、矩形或椭圆形的小范围区域内提取。近年来出现性能更好的变换，如离散曲波变换、Riesz 变换、力场变换和数字剪切变换。应用以上变换后得出统计指标，并转换为用于匹配的向量。

非变换的统计方法一般基于 Zernike 矩。由于计算的不变矩序数或维度较低，不能包含足够的掌纹结构信息。因此，Gayathri 等设计使用高阶 Zernike 矩的鲁棒掌纹识别系统，其识别正交性和旋转不变的特性几乎不受图像旋转和遮挡的影响[116]。

（5）基于子空间特征的识别算法。

子空间方法来源于人脸识别，通常将掌纹图像视为高维矩阵或向量，并通过投影或数学变换等方式将其转换为低维形式进行表征和分类，随后用于图像匹配。

子空间方法通常需要建立不同类型的掌纹训练集，并且选择最佳投影矢量或矩阵表示特征。在训练集的形成过程中，产生的每个类别的数据集都可标记上标签信息。PCA、独立成分分析（Independent Component Analysis，ICA）和局部保持投影（Locality Preserving Projection，LPP）等传统方法未使用这些信息进行特征提取和分类，LDA 对此进行改进，利用标签信息进行特征提取和分类。随后，研究者结合 PCA 和 LDA 优化掌纹特征的表征方式，加强算法对不同掌纹图像的区分能力，但在实际应用环境中，经常会出现掌纹图像的维度太高、训练集数量太少的情况。针对小样本量（Small Sample Size，SSS）问题，2D PCA、双向主成分分析（Bi-directional PCA，BDPCA）及其与 LDA 融合的方法都应用于掌纹识别。除上述借助线性投影或数学变换模型外，非线性方法也应用于掌纹识别，主要为基于内核的算法。

小知识：独立成分分析是 20 世纪 90 年代发展起来的一种新的信号处理技术。基本的独立成分分析是指从多源信号的线性混合信号中分离出源信号的技术。除了已知源信号是统计独立外，无其他先验知识，独立成分分析是伴随着盲信源问题而发展起来的，故又称盲分离。

（6）基于深度学习的识别算法。

目前，深度学习算法在掌纹识别技术中迅速发展，主要原因如下。

① 手工设计特征的方法通常依赖设计者的先验知识，只能设计特定的滤波器以提取特征，无法利用大数据的优势。

② 掌纹特征提取方法只在特定的数据库上表现良好，外界环境（如光照、模糊、亮度、对比度）的改变和手掌姿态的变化都会对掌纹识别的精度产生极大影响。而基于特征学习的识别算法能从数据中学习更复杂的滤波器结构，提取的掌纹特征更丰富、鲁棒性和泛化能力更强。

随着深度学习的快速发展，多种深度神经网络算法已引入生物特征识别领域，进一步提高识别的准确性。近些年学者们对基于深度学习的掌纹识别开展研究。在早期，Gao 等建立深度信念网络，利用训练样本进行自上而下的无监督训练，在掌纹识别上取得优于 PCA 和 LBP 的结果[117]。Liu 等尝试使用 AlexNet 提取深度特征[118]。Sun 利用 CNN 网络进行掌纹识别，并评估不同层提取到的卷积特征[119]。Svoboda 等提出 d-prime CNN，用于提取掌纹特征，假设真匹配和伪匹配的距离分布均满足正态分布，通过最大化两个正态分布之间的均值差和最小化各自分布的方差，达到真匹配和伪匹配最大程度上的分离[120]。Zhang 等公开目前最大的掌纹数据库——同济掌纹数据库，并利用 Inception-Res-

Net-vl 网络模型提取掌纹特征[121]。有学者尝试使用 CNN 进行手掌的谷点定位和 ROI 提取，并取得了不错的效果。

然而，深度网络的训练通常需要大量的数据，目前公开的掌纹数据集存在个体较少、单个个体掌纹图像不足的困境。针对此类问题，Wang 等提出深度卷积生成对抗网络，生成高质量的掌纹图像，在 IITDelhi 和 CASIA 小规模数据集上取得较优结果[122]。Liu 等利用 Faster-RCNN 实现移动端的掌纹检测，并设计三元组损失函数（Triplet Loss Function）训练残差特征网络，应用在跨数据集[123]。Zhong 等提出基于孪生网络的掌纹识别方法，判断两幅掌纹图像是否来自同一个人[124]。针对开放集下的掌纹识别问题，Zhong 等采用 DCNN 提取特征，有针对性地改进原始的 softmax 损失函数，在引入类间间隔的同时，考虑增加同类向中心集中的强制约束，减小类内分布的范围，同时有助于扩大类间的距离[125]。

4. 掌纹识别特征匹配

特征匹配的目的是找出用于测试的掌纹图像属于数据集中的类别，匹配距离的选择是否得当将影响识别系统的效果。本节主要讨论各种不同的匹配准则、不同的图像数据库、不同的距离度量将导致提取的掌纹特征区分度不同。现阶段许多对距离的传统定义在此仍然适用，如欧氏距离、汉明距离和卡方距离。还有一些应用较好的新距离定义，如角距复小波结构相似度（Complex Wavelet Structural Similarity，CWSSIM）的距、峰值旁瓣比（Peak to Sidelobe Ratio，PSR）和余弦马氏距离等。多距离融合也是一种新的方向，它们通常使用多个匹配器加权求和以计算差异。

5. 掌纹识别未来的发展方向

（1）考虑真实的应用环境。首先，所需图像的旋转、平移、模糊、失真和异构数据处理方法进一步发展；其次，研究者需要在低或高对比度条件下或使用非接触方式拍摄图像时设计合适的算法。图像质量评价有助于降低因测试图像质量较差导致的较高错误率。

（2）建立包含各种掌纹图像的相应实用数据集，即低分辨率和高分辨率图像、2D 和 3D 图像、多光谱图像，并以此作为基准。若数据库包括所有手部的特征，如静脉配置和指纹等，可更好地应用融合。

（3）在线掌纹识别及其在移动设备中的应用。由于互联网的高速发展，应更重视在线掌纹识别及其在移动设备中的应用，这将成为在线支付或个人身份认证的一种有效识别方法。

（4）结合掌纹识别的多模态识别系统。多模态可用于数据采集、预处理、特征提取和匹配，提高识别性能。然而，应用融合的对象不宜过多，总的时间开销不应过高。此外，有时融合会忽略大量信息，导致识别率有限。未来研究应该考虑融合的鲁棒性，减少诸如光照变化和条件变化等约束的影响。

（5）高安全性的生物活性检测。虽然掌纹信息不能丢失，但伪造和复制问题仍对识别系统产生不良影响。活性检测作为检测人体生命体征的方法，可以防止此类攻击干扰。最近的研究如多光谱识别，是一个可能的解决方案。

8.3 人 耳 识 别

1. 人耳识别概述

人耳识别是 20 世纪 90 年代末开始兴起的一种生物特征识别技术。人耳具有独特的生理特征和观测角度的优势，使人耳识别技术具有较高的理论研究价值和较好的实际应用前景。从生理解剖学上，人的外耳分耳廓和外耳道。

人耳识别的对象实际上是外耳裸露在外的耳廓，即人们习惯上所说的耳朵。目前的人耳识别技术是在特定的人耳图像库上实现的，一般通过摄像机或数码相机采集一定数量的人耳图像，建立人耳图像库。动态的人耳图像检测与获取尚未实现。

与其他生物特征识别技术相比，人耳识别具有以下特点。

(1) 与人脸识别相比，人耳识别方法不受面部表情、化妆品和胡须变化的影响，同时保留了面部识别图像采集方便的优点。与人脸相比，整个人耳的颜色更加一致，图像尺寸更小，数据处理量也更小。

(2) 与指纹识别相比，人耳图像的获取是非接触式的，其信息获取方式容易被人接受。

(3) 与虹膜识别相比，人耳图像采集更为方便，且人耳图像采集设备的成本要低于虹膜采集设备。

人耳识别作为生物特征识别技术的一个分支，具有结构稳定、易获得、图像体积小、计算方便、不易遮挡和伪装等优势。人耳识别可以与指纹识别、人脸识别等进行协同工作，利用各自的优势形成互补，是生物特征识别方式中的后起之秀，拓宽了生物识别的研究领域。因此，探索人耳识别的新方法具有十分重要的意义。

同其他的人体生理结构特征一样，人耳也具有自己的标准特征。从解剖学的角度来看，标准人耳结构主要包括耳轮、对耳轮、耳垂、耳屏等。人耳基本结构如图 8-8 所示。

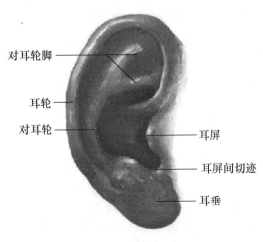

对耳轮脚

耳轮

对耳轮

耳屏

耳屏间切迹

耳垂

图 8-8 人耳基本结构

生物特征识别要具备四个基本的属性，人耳特征能够用来进行生物特征识别，同样满足这些条件。

（1）普遍性。每个人都具备耳朵这种生物特征。

（2）唯一性。美国犯罪学家 Iannarelli 曾进行过两组实验，第一组从加利福尼亚州随机抽取了一万个人的耳朵样本图像进行相似性比较，第二组在兄弟和双胞胎之间对比他们的耳朵形状。最后的研究结果表明，每一个人的耳朵都具有唯一的特点，即使是长相极其相似的双胞胎也同样如此，该实验结果证明了人耳形状具有唯一性。

（3）稳定性。现代医学对人体生理结构的研究表明，人类在出生半年以后，耳朵成比例生长，并且整体结构特征基本保持不变。从八岁到七十岁的六十多年时间中，人耳耳垂部分的拉伸速度与人耳整体结构的生长速度基本保持一致，这个医学研究成果能够充分表明，人耳的结构特征具有稳定性。

（4）可采集性。人耳图像的采集是非接触式的，避免接触式采集带来的卫生问题，同时也不会如同虹膜和视网膜特征，在测量时使人出现情绪紧张和不适等状况，属于非打扰式采集，用户接受程度高。

2. 人耳识别流程

人耳识别的主要流程可归纳为：采集人耳图像样本，对人耳图像样本进行预处理从而得到更高质量的图片，提取人耳特征和进行分类识别。其中，人耳特征的提取与识别是关键环节。人耳识别流程如图 8-9 所示。

图 8-9　人耳识别流程

3. 人耳图像预处理

图像预处理是对人耳图像进行特征提取和分类识别之前的一个重要环节。在采集人耳图像样本的过程中，由于存在拍摄角度变化、光照强度变化及图像噪声等干扰条件，会破坏人耳图像的原始特征，导致提取到的特征不够充足和准确，从而影响后续识别工作的准确率。为了获得更加精确和充分的人耳特征，在进行人耳图像的特征提取与识别之前，对采集到的人耳图像进行预处理来增强图像质量十分有必要。

（1）人耳图像库。

在人耳识别的研究中，人耳图像库对于算法的设计与研究、模型的训练和算法性能的测试来说必不可少。模型训练采用的人耳图像库的人数规模和人耳图像数量直接影响识别算法的准确率与鲁棒性。因此，合适的人耳图像库对于人耳识别的研究有着重要的意义。

目前国内最权威的人耳图像库由北京科技大学建立。北京科技大学人耳图像库（USTB 图像库）总共包括 4 个子图像库，为传统方法的人耳识别提供了充分的帮助。但 USTB 图像库提供的人耳训练样本数量有限，不适用于深层卷积神经网络的训练和测试。

（2）人耳图像灰度化。

人耳图像缺乏有效的颜色特征信息，且训练大量的彩色图片会增加算法的复杂程度，所用时间更长，因此图像预处理的第一步是对人耳图像灰度化。彩色图像采用 RGB 色彩空间，每一种颜色都可以由 R（红色）、G（绿色）、B（蓝色）来表示，三原色的数值表示每种颜色的强度，从而将每个像素点的颜色表示出来。灰度化即是将三原色数值换算为 0 到 255 之间，使图像转换为灰度图像。常用的人耳图像灰度化方法有加权法、平均值法和最大值法。

① 加权法。

在正常的亮度条件下，人眼主要通过眼中的锥状细胞感知光的颜色和亮度，而人眼的锥状细胞对于不同颜色光的敏感程度有着一定差异。人眼锥状细胞对不同颜色的敏感度曲线如图 8-10 所示。人眼对于绿色的敏感程度最高，对蓝色的敏感程度最低，因此在进行灰度转换时 G 分量的权重要大一些，B 分量的权重要小一些，具体计算公式为

$$\mathrm{Gray}(i,j)=0.299R(i,j)+0.578G(i,j)+0.114B(i,j) \tag{8-4}$$

式中，Gray 代表灰度转换后的像素灰度值；R、G、B 分别代表三原色原始颜色通道值。

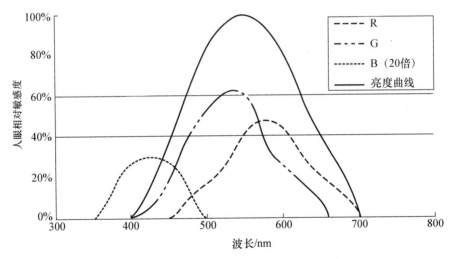

图 8-10　人眼锥状细胞对不同颜色的敏感度曲线

② 平均值法。

平均值法是将人耳图像的 R、G、B 三个颜色分量值相加之后求平均数，得到所需的灰度值，计算公式为

$$f(i,j)=[R(i,j)+G(i,j)+B(i,j)]/3 \tag{8-5}$$

③ 最大值法。

最大值法是把人耳图像 R、G、B 三个颜色分量中的最大值作为转化后的灰度值，计算公式为

$$f(i,j)=\max[R(i,j),G(i,j),B(i,j)] \tag{8-6}$$

在此选择加权法，将人耳彩色图像转换为灰度图像，如图 8-11 所示。

人耳图像灰度化

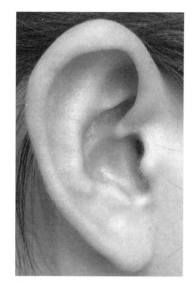

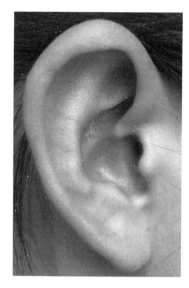

(a) 彩色图像   (b) 灰度图像

图 8-11　人耳图像灰度化

（3）人耳图像增强。

图像增强技术是图像处理技术中的重要部分。在人耳识别研究过程中，采集、传输和变换人耳图像的步骤必不可少。在实际情况中由于各种干扰因素的存在，难免会造成人耳图像质量的降低，从而导致待处理的人耳图像特征不明显，对后续的特征提取和识别精度造成影响。研究者在实际采集人耳图像样本的过程中发现，各种外界影响中最常见的干扰因素是光照变化对人耳图像质量的影响，通常导致采集到的人耳图像对比度不强，图像的像素值密集地分布在某个范围内。因此，采用图像增强技术对人耳图像进行增强处理是必要的，可采用效果较好的直方图均衡化方法提升人耳图像样本的质量。

图像直方图通过二维形态对人耳图像的灰度分布情况进行描述，其中每个灰度值的分布形态都可以提供图像的特征信息。可以理解为，图像直方图是一个统计函数的直观表达，反映了图像中每个灰度值所占的比重大小。在这个统计函数二维图中，横轴自变量表示图像中的每个灰度值，纵轴因变量则表示每个灰度值在整个图像中所占的比例。具体公式可表示为

$$p(r_k) = \frac{n_k}{N} \tag{8-7}$$

式中，r_k 代表第 k 个灰度值；n_k 表示第 k 个灰度值的出现次数；N 代表图像中所有像素的总体数量。通过计算，即可得到图像中每个灰度值的概率分布情况，将所有像素的出现概率汇总后生成图像直方图，可以更加清晰地对人耳图像的灰度值整体情况进行分析，并进行相应的处理。图 8-12 所示为人耳图像灰度直方图。

由图 8-12 可见，拍摄到的人耳图像，由于实际采集时光照变化的影响，导致像素点密集地分布在某一个区域，丢失了很多人耳图像的细节信息，不利于特征的提取。若一幅人耳图像的像素点均匀地分布在所有可能的取值范围内，则这个图像从直观上看会更加清

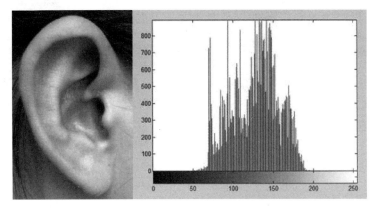

图 8-12　人耳图像灰度直方图

晰，且对比度明显，进而提供更多的特征，为后续的工作打下良好的基础。直方图均衡化正是适合解决这个问题的方法，它的基本原理是对人耳图像中的各个像素值进行映射变换，使原本密集分布的像素值经过处理后均匀地分布在所有像素的可能取值范围内。具体的运算公式为

$$s_k = T(r_k) = \sum_{j=0}^{k} p_r(r_j) = \sum_{j=0}^{k} \frac{n_j}{N} \tag{8-8}$$

式中各项说明同式(8-7)。通过式(8-8)对人耳图像进行变换处理后，即可得到像素密度均匀分布的图像。人耳图像直方图均衡化后的效果如图8-13所示。

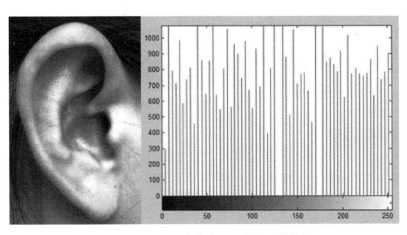

图 8-13　人耳图像直方图均衡化后的效果

由图8-13可见，经过直方图均衡化操作后，人耳图像的像素值分布更加均匀，图像质量更加清晰，边缘轮廓信息更加明显。

4. 人耳识别方法

(1) 主成分分析法。

主成分分析法是生物特征识别研究中广泛使用的一种方法，在人脸识别领域已经进行了大量研究，该方法同样也适用于人耳识别。这是一种降维技术，它根据图像的统计特性

进行正交变换，以消除原有向量各分量的相关性，变换得到对应特征值依次递减的特征向量。

（2）基于 BP 神经网络的组合方法。

人工神经网络具有平行处理和大规模平行计算能力，能高度逼近非线性系统，并对不确定性问题具有自适应组织能力。而 BP 神经网络和它的变化形式是目前应用最广泛的网络模型，它是前向网络的核心部分，体现了人工神经网络最精华的部分。

Moren 等基于 BP 神经网络方法设计了 3 种单一分类器。

① 进行外耳特征点的提取。使用双 Sobel 滤波器（水平和垂直方向）得到外耳轮廓图，提取如图 8-14(a) 所示的点作为外耳特征点构成特征向量。

② 根据外耳形态进行识别。该方法提取形态特征向量，表达耳形和褶皱信息。构造大小为 H 像素×V 像素的外耳轮廓图，然后在水平方向上进行 h 分割，在垂直方向上进行 v 分割，在对角方向上进行 $2(h+v)$ 分割，如图 8-14(b) 所示。对外耳轮廓图中交叉点个数和不同分割构成的向量进行归一化得到每幅图像的形态特征向量。

③ 使用压缩网络进行识别。提取外耳图像显著的统计特征和宏观特征，即压缩特征向量，如图 8-14(c) 所示。

也可以合并单一分类器来构造复合分类器，以得到更好的识别率。

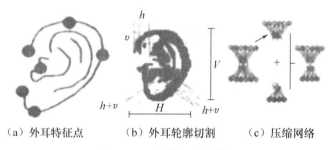

(a) 外耳特征点　　　　(b) 外耳轮廓切割　　　　(c) 压缩网络

图 8-14　3 种单一分类器

（3）力场转换方法。

Hurley 等模仿自然界的电磁力场过程，提出了"力场转换"的理论。整幅图像被转换为一个力场，图像上每一个像素对其他所有像素均施加一个等方向的力，该力大小与像素灰度值成正比，与像素间距离的平方成反比。从能量的角度看，每个像素周围会形成一个圆形的对称的势能场，像素由于能量差异而产生运动，直到运动到没有能量差的点。

假设围绕待检测的目标耳朵，安排一圈封闭可移动的单位亮度的测试像素，每一个测试像素会在力场的作用下一直运动，直到它到达没有能量差的点。它们的运动轨迹形成了多条场线，由于任何一点处的力向量都唯一，因此场线永远不会有交叉。如果两条或更多的场线到达同一个点，它们将会从该点沿着同一条轨迹继续向前运动，这就形成势能通道。力场中的所有场线最后将汇集并终止于几个点，定义这样的终止点为势能井。利用势能通道和势能井的位置，就可以描述人耳的特征点。力场转换示意图如图 8-15 所示。

该方法有诸多优点：特征点数量和位置不受初始测试点位置选取的影响，但初始点数量不能太少，否则会导致势能井丢失；在图像分辨率较低的情况下仍能获取力场结构，先

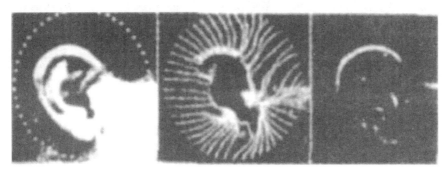

图 8-15　力场转换示意图

利用较低的分辨率定位目标，然后在较高分辨率下进一步提取特征信息；具有抗噪声能力，在受到高斯噪声的干扰下，力场结构基本不变；利用力场线和观察到的最终坐标可以方便地提取势能井和势能通道，具有较强的鲁棒性，实验证明，不同的耳朵，势能井和势能通道的描述均不同。

（4）基于深度学习的人耳识别方法。

深度学习技术应用于计算机视觉领域已取得了许多成果，受到研究者的高度重视。卷积神经网络作为深度学习技术中的重要部分，有其独特的网络结构优势，尤其体现在图像识别的应用中。与传统算法最大的不同之处在于，卷积神经网络对图像进行局部感知，提取图像的局部特征，并通过权值共享等核心技术，有效减少网络中各个节点连接下的权值数量，从而提高了训练速度，降低了深层神经网络算法的模型复杂程度。

卷积神经网络的多网络层思想源于人脑信号具有天然的层次结构，低层特征信息通过不断地抽象组成高维的特征。在人耳图像中，原始输入是像素，相邻的像素组成线条，多个线条组成边缘，大量的边缘信息融合组成人耳的基本结构形状，直到形成整个人耳图像。卷积神经网络一般采用卷积层与池化层交替的网络结构，多层次的卷积运算、非线性变换及池化层连接起来，再加上全连接层和输出层，来对人耳图像进行分类识别。

人耳识别网络的改进：通过 PReLU 激活函数提升速度与准确率、Dropout 正则化防止过拟合，以及采用 Adadelta 优化器加快收敛速度，使人耳识别网络模型拥有更好的识别效果。在控制网络深度、提升识别性能的基础上，设计了如图 8-16 所示的人耳识别网络结构。

用于人耳识别的深度卷积神经网络共包

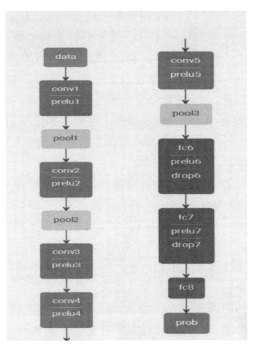

图 8-16　人耳识别网络结构

含 5 个卷积层、3 个池化层、2 个全连接层和 1 个 softmax 层，各层的具体参数设计如表 8-1 所示。

表 8-1　各层的具体参数设计

层　名	属　性
conv1	kernel _ size=11，stride=4，pad=0，num _ output=96
pool1	kernel _ size=3，stride=2，pad=0
conv2	kernel _ size=5，stride=1，pad=2，num _ output=256
pool2	kernel _ size=3，stride=2，pad=0
conv3	kernel _ size=3，stride=1，pad=1，num _ output=322
conv4	kernel _ size=3，stride=1，pad=1，num _ output=322
conv5	kernel _ size=3，stride=1，pad=1，num _ output=256
pool3	kernel _ size=3，stride=2，pad=0
fc6	输出 2048 维的特征向量
fc7	输出 2048 维的特征向量
fc8	softmax 分类器分为 50 类

人耳识别网络模型的识别过程主要分为 4 个阶段。

第一阶段，由于采集的人耳图像数据集像素较大，输入层界定为 227×227 的尺寸，因此卷积层 conv1 使用较大尺寸 11×11 大小的卷积核来进行特征提取，卷积核步长为 4，边界补零区域 pad=0，输出的特征图个数为 96。大小为 227×227 的人耳图像在经过 conv1 层的卷积后，输出的特征图大小为 [(227-11)/4+1]×[(227-11)/4+1]=55×55。从 conv1 到 pool1 为池化操作，主要目的是减少上一层的特征数量，同时提取出更具代表性的特征。pool1 池化层采用最大池化方式，池化窗口大小为 3×3，步长设为 2，边界补零区域 pad=0。经过此步操作，得到的特征映射图大小为 [(55-3)/2+1]×[(55-3)/2+1]=27×27。池化操作并不会改变特征图的数量，因此经过 pool1 池化后，仍然输出 96 个大小为 27×27 的特征映射图。

第二阶段，人耳图像已经由较大的像素区域转换成了尺寸较小的特征映射图，因此 conv2 卷积层选用效果较好的 5×5 大小的卷积核，为了提取出更多特征信息，卷积核数量增加到 256 个，步长设为 1，边界补零区域 pad=2。输出特征图的大小为 [(27+2×2-5)/1+1]×[(27+2×2-5)/1+1]=27×27，通过对 pool1 池化层的输出进行卷积运算，在不改变特征图大小的同时，使第一阶段提取到的特征进行不同的组合。pool2 池化层与 pool1 相同，均采用最大池化方法，池化窗口大小为 3×3，步长设为 2。经过 pool2 池化操作后得到的特征图大小为 [(27-3)/2+1]×[(27-3)/2+1]=13×13，特征图数量为 256 个。

第三阶段，经过前面两个阶段的运算，特征图大小变为 13×13，选择合适大小的卷积核来提取更多细节特征显得尤为重要。研究表明，两个 3×3 大小卷积核的有效感受相当于一个 5×5 的卷积核，因此，小尺寸卷积核可以替代大尺寸卷积核工作。同时多个小尺寸卷积核比一个大尺寸卷积核拥有更多的非线性特征，使判决函数更具有权威性。此外，多个小尺寸卷积核比一个大尺寸卷积核拥有更少的参数。例如，假设连续两个 3×3 卷积核的输入和输出都为 a 通道，则有 $2\times3^2\times a^2=18a^2$ 个参数；而一个 5×5 的卷积核有 $5^2\times a^2=25\,a^2$ 个参数。因此，在网络条件可以满足其表达能力的前提下，采用小尺寸卷积核进行连续卷积，减少了网络参数量，同时加快了训练速度。

conv3 和 conv4 均为 322 个 3×3 大小的卷积核，步长为 1，pad 为 1。conv5 的卷积核数量降为 256 个，同样步长为 1，pad 为 1。每个卷积层进行卷积操作后，经过 PReLU 激活函数进行激活，从而增强人耳图像特征的非线性表达能力。3 层卷积操作后，特征图的大小变为 $[(13+1\times2-3)/1+1]\times[(13+1\times2-3)/1+1]=13\times13$，在不改变特征图大小的前提下，提取出了更高维度的特征。

pool3 池化层仍然选取 3×3 的窗口大小，步长设为 2，经过池化操作最终得到 256 个大小为 $[(13-3)/2+1]\times[(13-3)/2+1]=6\times6$ 的特征图。

第四阶段，此时的网络已经提取出了足够的人耳特征，与 pool3 相连接的是两个全连接层 fc6 与 fc7，全连接层将 pool3 中的输出转换成 $1\times2048\times1\times1$ 维的特征向量，并作为输出输入到 fc8 的 softmax 分类器中，分类数量设为 50，输出为网络对于人耳图像属于某一类别的概率计算。全连接层结构如图 8-17 所示。

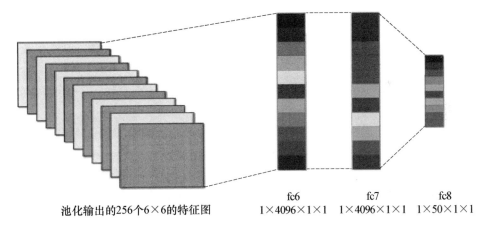

池化输出的256个6×6的特征图　　fc6 $1\times4096\times1\times1$　fc7 $1\times4096\times1\times1$　fc8 $1\times50\times1\times1$

图 8-17　全连接层结构

5. 人耳识别未来的发展方向

目前人耳识别研究取得了一定成果，但仍存在很多不足，需要在未来的研究中继续完善，主要包括以下两个方面。

（1）深度卷积神经网络模型应用于人耳识别的准确率较高，由于训练时间过长，且对硬件环境要求过高，在未来需要进一步研究，在保证识别精度的前提下，降低网络模型的复杂程度和训练时间。

（2）目前研究的是静态图片的人耳识别，未来可以考虑对视频中的人耳进行识别研究，并结合人脸形成多模态的生物特征识别。

本 章 小 结

本章主要介绍了其他几种生物特征识别模式，包括手指静脉识别、掌纹识别和人耳识别，并分别介绍了它们的基本概念、基本流程，着重介绍了识别算法，最后介绍当前存在的问题，以及未来的发展方向。

扩展阅读：

1. 张善文，张晴晴，张云龙，等，2017. 加权自适应 CS-LBP 与局部判别映射相结合的掌纹识别方法 ［J］. 计算机应用研究，34（11）：3482-3485.

2. 张雅倩，曾卫明，石玉虎，2017. 基于特征融合与稀疏表示的人耳识别 ［J］. 计算机技术与发展，27（12）：7-10.

3. 陈朋，姜立，王海霞，等，2018. 基于散射卷积网络的手指静脉识别方法研究 ［J］. 浙江工业大学学报，46（1）：56-60.

课 后 习 题

一、简答题

1. 分别说明手指静脉识别、掌纹识别、人耳识别的基本特点。

2. 分别阐述手指静脉识别、掌纹识别、人耳识别目前的研究困境，以及未来的发展方向。

3. 简单说明掌纹识别的优势。

二、填空题

1. 人耳识别的主要流程可归纳为：＿＿＿＿＿＿＿＿，对人耳图像样本进行预处理从而得到更高质量的图片，＿＿＿＿＿＿＿＿和进行分类识别。其中，＿＿＿＿＿＿＿＿与识别是关键环节。

2. 手指静脉识别是利用手指静脉特征实现身份认证的一项生物识别技术。同指纹相比，手指静脉不仅具有＿＿＿＿＿＿＿＿，而且具有活体性、＿＿＿＿＿＿＿＿和＿＿＿＿＿＿＿＿。

3. 基本的掌纹识别流程包括采集掌纹图像、＿＿＿＿＿＿＿＿、＿＿＿＿＿＿＿＿、特征提取和特征匹配。

二、判断题

1. 生物特征识别要具备4个基本的属性，人耳特征能够用来进行生物特征识别，同样满足这些条件：普遍性、唯一性、稳定性和可采集性。（   ）

2. 基本的掌纹识别流程包括采集掌纹图像、建立数据库、图像预处理、特征提取和特征匹配。（   ）

3. 手指静脉识别主要包括4个阶段：图像采集、预处理、特征提取和特征匹配，识别中的第1步是手指静脉图像采集，手指静脉采集设备只有透射式这一种。（   ）

附 录
英文缩写对照表

2D PCA：二维主成分分析（Two Dimensional PCA）

AFIS：自动指纹识别系统（Automatic Fingerprint Identification System）

ANN：人工神经网络（Artificial Neural Network）

BDPCA：双向主成分分析（Bi-directional PCA）

CGI：时间保持的步态能量图（Chrono-Gait Image）

CNN：卷积神经网络（Convolutional Neural Network）

CWSSIM：角距复小波结构相似度（Complex Wavelet Structural Similarity）

DFT：离散傅里叶变换（Discrete Fourier Transform）

DNN：深度神经网络（Deep Neural Network）

DP：动态规划（Dynamic Programming）

DTW：动态时间规整（Dynamic Time Warping）

EER：相等错误率（Equal Error Rate）

FAR：错误接受率/认假率/误识率（False Accept Rate）

FFT：快速傅里叶变换（Fast Fourier Transform）

FRR：错误拒绝率/拒真率/拒识率（False Reject Rate）

FTE：拒登率（Failure to Enroll Rate）

Gait GAN：步态生成对抗网络（Gait Generative Adversarial Network）

GAN：生成对抗网络（Generative Adversarial Network）

GEI：步态能量图（Gait Energy Image）

GEnI：步态熵图（Gait Entropy Image）

GMM：高斯混合模型（Gaussian Mixture Model）

HDR：高动态范围（High-Dynamic Range）

HGEI：全息步态能量图（Holographic Gait Energy Image）

HMM：隐马尔可夫模型（Hidden Markov Model）

HOF：光流直方图（Histogram of Flow）

HOG：方向梯度直方图（Histogram of Oriented Gradient）

ICA：独立成分分析（Independent Component Analysis）

KNN：K-近邻（K-Nearest Neighbor）

K-L：K-L 变换（Karhunen-Loeve Transform）

LBP：局部二值模式（Local Binary Pattern）

LCS：固定轮廓序列（Localized Contour Sequence）

LDA：线性判别分析（Linear Discriminant Analysis）

LDP：局部导数模式（Local Derivative Pattern）

LPC：线性预测编码（Linear Predictive Coding）

LPCC：线性预测倒谱系数（Linear Predictive Cepstral Coefficient）

LSTM：长短期记忆（Long Short Term Memory）

MAP：均值平均精度（Mean Average Precision）

Mask R-CNN：掩码区域卷积神经网络（Mask Region Based Convolutional Neural Network）

MBH：运动边界直方图（Motion Boundary Histogram）

MEI：运动能量图（Motion Energy Image）

MFCC：梅尔频率倒谱系数（Mel-Frequency Cepstral Coefficient）

MHI：运动历史图（Motion History Image）

MSE：均方误差（Mean Square Error）

MSI：运动轮廓图（Motion Silhouette Image）

NN：神经网络（Neural Network）

OCT：光学相干断层扫描（Optical Coherence Tomography）

ONPP：正交邻域保持投影（Orthogonal Neighborhood Preserving Projections）

PCA：主成分分析（Principal Component Analysis）

PEI：周期能量图（Period Energy Image）

PLSTM：基于姿态的长短期记忆（Pose-Based LSTM）

PSF：点扩散函数（Point Spread Function）

PSR：峰值旁瓣比（Peak to Sidelobe Ratio）

PTSN：姿态的时空网络（Pose-Based Temporal-Spatial Network）

RF：随机森林（Random Forest）

RNN：循环神经网络（Recurrent Neural Network）

ROI：感兴趣区（Region of Interest）

SIFT：尺度不变特征变换（Scale Invariant Feature Transform）

SSS：小样本量（Small Sample Size）

STV：时空体（Spatial Temporal Volume）

SVM：支持向量机（Support Vector Machine）

TDNN：时延神经网络（Time-Delay Neural Network）

TSN：双流网络（Two Stream Network）

参 考 文 献

［1］PARKE F I，1972. Computer generated animation of faces ［C］//Proceedings of the ACM Annual Conference，August 27-29，Boston，USA. New York：ACM.

［2］JOHNSON R G，1991. Can iris patterns be used to identify people?：LA-12331-PR ［R］. Los Alamosn：Los Alamos National Laboratory.

［3］DAUGMAN J，1993. High confidence visual recognition of persons by a test of statistical independence ［J］. IEEE Transactions on Pattern Analysis and Machine Intelligence，15 (11)：1148-1161.

［4］BOLES W W，1997. A security system based on human iris identification using wavelet transforms ［J］. Engineering Applications of Artificial Intelligence，11 (1)：77-85.

［5］LIM S Y，LEE K Y，BYEON O，et al，2001. Efficient iris recognition through improvement of feature vector and classifier ［J］. ETRI Journal，23 (2)：61-70.

［6］DAUGMAN J G，1980. Two-dimensional spectral analysis of cortical receptive field profiles ［J］. Vision Research，20 (10)：847-856.

［7］BOLES W W，BOASHASH B，1998. A human identification technique using images of the iris and wavelet transform ［J］. IEEE Transactions on Signal Processing，46 (4)：1185-1188.

［8］NOH S I，BAE K，PARK K R，et al，2005. A new feature extraction method using the ICA filters for iris recognition system ［C］//International Conference on Advances in Biometric Person Authentication，October 22-23，Beijing，China. Berlin：Springer.

［9］DU Y，2006. Using 2D Log-Gabor spatial filters for iris recognition ［C］//Conference on Biometric Technology for Human Identification III，April 17，Kissimmee，USA. San Diego：SPIE.

［10］GALTON F，1888. Personal identification and description ［J］. Nature，38 (973)：173-177.

［11］FEDHA O P N，2014. 基于机器学习方法的人脸表情识别研究 ［D］. 长沙：中南大学.

［12］杨清山，2012. 基于回归理论与并行计算的人脸识别方法研究 ［D］. 大连：大连理工大学.

［13］孙鑫，2005. 特征子空间法人脸识别研究 ［D］. 成都：电子科技大学.

［14］龚智，2013. 基于局部特征的人脸识别研究 ［D］. 成都：西南交通大学.

［15］AHONEN T，HADID A，PIETIKAINEN M，2006. Face description with local binarypatterns：Application to face recognition ［J］. IEEE Transactions on Pattern Analysis and Machine Intelligence，28 (12)：2037-2041.

［16］谢琼裕，戴群，2014. 融合 Gabor 和 LGBP 的单样本人脸识别 ［J］. 小型微型计算机系统，35 (7)：1657-1661.

［17］周宾，2017. 人脸识别技术在"智慧南京"城市建设中的应用 ［D］. 南京：南京邮电大学.

［18］LIN Z，HU H，ZHANG Y，et al，2014. Face gender recognition research based on local features and support vector machine ［J］. Applied Mechanics and Materials，3634 (687)：3714-3717.

［19］陈文浩，2018. 基于 Linux 的人脸识别系统设计 ［D］. 西安：西安工程大学.

［20］SHASHUA A，TOELG S，1997. The quadric reference surface：Theory and applications ［J］. International Journal of Computer，23 (2)：185-198.

［21］刁显峰，王国胤，龚勋，2008. 一个改进的球面谐波模型及其在光照人脸识别中的应用 ［J］. 重庆邮电大学学报（自然科学版），1 (4)：457-461.

［22］张伟，程刚，何刚，等，2019. 基于 Gabor 小波和 LBPH 的实时人脸识别系统 ［J］. 计算机技术与

发展，29（3）：47-50.

[23] 胡彬，赵春霞，孙玲，2013. 基于多特征融合的行人检测 [J]. 图学学报，34（4）：29-34.

[24] 艾学轶，吴彦文，汪亭亭，2010. 复杂背景下基于肤色分割的人脸检测算法研究 [J]. 计算机工程与设计 31（14）：3268-3273.

[25] 周杰，卢春雨，张长水，等，2000. 人脸自动识别方法综述 [J]. 电子学报，28（4）：102-106.

[26] LADES M，VORBRUGGEN J C，BUHMANN J，et al，1993. Distortion invariant object recognition in the dynamic link architecture [J]. IEEE Transactions on Computers，42（3）：300-311.

[27] 边肇祺，张学，2000. 模式识别 [M]. 2版. 北京：清华大学出版社.

[28] 罗新，2016. 基于随机森林的文本分类模型研究 [J]. 农业图书情报学报，28（11）：50-54.

[29] 田捷，杨鑫，2005. 生物特征识别技术理论与应用 [M]. 北京：电子工业出版社.

[30] FIELDING K H，HORNER J L，MAKEKAU C K，1991. Optical fingerprint identification by binary joint transform correlation [J]. Optical Engineering，30（12）：1958-1961.

[31] PARZIALE G，DIAZ-SANTANA E，HAUKE R，2006. The Surround ImagerTM：A multi-camera touchless device to acquire 3D rolled-equivalent fingerprints [C] //International Conference on Biometrics，January 5-7，Hong Kong，China. Berlin：Springer.

[32] SOUSEDIK C，BUSCH C，2014. Quality of fingerprint scans captured using Optical Coherence Tomography [C] //IEEE International Joint Conference on Biometrics，September 29-October 2，Clearwater，USA. NewYork：IEEE.

[33] TARTAGNI M，GUERRIERI R，1997. A 390 dpi live fingerprint imager based on feedback capacitive sensing scheme [C] //IEEE International Solid-State Circuits Conference，February 6-8，San Francisco，USA. NewYork：IEEE.

[34] HASHIDO R，SUZUKI A，IWATA A，et al，2003. A capacitive fingerprint sensor chip using low-temperature poly-Si TFTs on a glass substrate and a novel and unique sensing method [J]. IEEE Journal of Solid-State Circuits，38（2）：274-280.

[35] SETLAK D R，2008. Finger biometric sensor with sensor electronics distributed over thin film and monocrystalline substrates and related methods：EP04785105. 0 [P]. 11-12.

[36] 豪泰灵，布萨特，莱昂，2013. 电容式感测阵列调制：ZL201310224334. 2 [P]. 10-30.

[37] 波普，阿诺德，科尔勒特，等，2014. 用于指纹识别感测的装置、电子设备及移动设备：ZL201320268670. 2 [P]. 4-9.

[38] 波普，阿诺德，科尔勒特，等，2015. 电容传感器封装：ZL201510154415. 9 [P]. 6-10.

[39] RIEDIJK F R，HAMMERSBERG J，2007. Fingerprint Sensor Element：EP1766547A1 [P]. 3-28.

[40] RIEDIJK F R，THORNBLOM H，2016. Fingerprint sensing system and method：US09323975B2 [P]. 4-26.

[41] RIEDIJK F R，ROBERT F，2015. Capacitive fingerprint sensor with improved sensing element：WO2015/147727A1 [P]. 10-1.

[42] BULEA M，SOLVEN D，REYNOLDS J K，et al，2015. Single layer capacitive imaging sensors：US09081453B2 [P]. 7-14.

[43] BENKLEY F G，GEOFFROY D J，SATYAN P，2013. Method and apparatus for two-dimensional finger motion tracking and control：US08358815B2 [P]. 1-22.

[44] DEAN G L，ERHART R A，JANDU J，et al，2017. Integrated fingerprint sensor and navigation device：US09594498B2 [P]. 3-14.

[45] 蓝色，2016. 形形色色的指纹解锁 [J]. 个人电脑，22（6）：74-79.

［46］ HAN J，KADOWAKI T，SATO K，et al，2002. Fabrication of thermal-isolation structure for microheater elements applicable to fingerprint sensors ［J］. Sensors and Actuators A：Physical，100 (1)：114-122.

［47］ HAN J，TAN Z，SATO K，et al，2004. Thermal characterization of micro heater arrays on a polyimide film substrate for fingerprint sensing applications ［J］. Journal of Micromechanics and Microengineering，15 (2)：282-289.

［48］ BICZ W，GUMIENNY Z，PLUTA M，1995. Ultrasonic sensor for fingerprints recognition ［C］// Optoelectronic and Electronic Sensors，June 30. San Diego：SPIE.

［49］ MAEVA A，SEVERIN F，2009. High resolution ultrasonic method for 3D fingerprint recognizable characteristics in biometrics identification ［C］//IEEE International Ultrasonics Symposium，September 19-23，Rome，Italy. NewYork：IEEE.

［50］ STEWART A L，2020. Touch based data communication using biometric finger sensor and associated methods：US20100321159A1 ［P］. 12-23.

［51］ KASS M，WITKIN A，1987. Analyzing oriented patterns ［J］. Computer Vision，Graphics，and Image Processing，37 (3)：362-385.

［52］ O'GORMAN L，NICKERSON J V，1988. Matched filter design for fingerprint image enhancement ［C］//International Conference on Acoustics，Speech，and Signal Processing，April 11-14，New York，USA. NewYork：IEEE.

［53］ GABOR D，1947. Theory of communication ［J］. Electrical Engineers，94：58.

［54］ JAIN A K，PRABHAKAR S，HONG L，et al，2000. Filterbank-based fingerprint matching ［J］. IEEE Trans Image Processing，9 (5)：846-859.

［55］ AREEKUL V，WATCHAREERUETAI U，TANTARATANA S，2004. Fast separable Gabor filter for fingerprint enhancement ［M］. Berlin：Springer.

［56］ 卞维新，徐德琴，2011. Snake 模型在指纹图像分割中的应用 ［J］. 计算机工程与应用，47 (7)：205-207.

［57］ FEI Z，GUO J，2011. A new hybrid image segmentation method for fingerprint identification ［C］// IEEE International Conference on Computer Science and Automation Engineering，June，Shanghai，China. NewYork：IEEE.

［58］ VIJAYAPRASAD P，ABDALLA A，2003. Applying neuro-fuzzy technique to the enhanced fingerprint image ［C］//The 9th Asia-Pacific Conference on Communications，September 21-24，Penang，Malaysia. NewYork：IEEE.

［59］ AHMED M，WARD R，2002. A rotation invariant rule-based thinning algorithm for character recognition ［J］. IEEE Trans Pattern Analysis and Machine Intelligence，24：1672-1678.

［60］ PATIL P M，SURALKAR S R，SHEIKH F B，2005. Rotation invariant thinning algorithm to detect ridge bifurcations for fingerprint identification ［C］//The 17th IEEE International Conference on Tools with Artificial Intelligence，November 14-16，Hong Kong，China. New York：IEEE.

［61］ CHONG M M S，GAY R K L，TAN H N，1992. Automatic representation of fingerprints for data compression by B-spline functions ［J］. Pattern Recognition，25 (10)：1199-1210.

［62］ ABDELMALEK N N，KASVAND T，GOUPIL D，et al，1984. Fingerprint data Compression ［M］. Berlin：Springer.

［63］ TOU J T，HANKLEY W J，1968. Automatic fingerprint identification and classification analysis via contextual analysis and topologic coding，pictorial pattern recognition ［M］. NewYork：Thomas

Publishing Company.

[64] SRINIVASAN V S, MURTHV N N, 1992. Detection of singular point in fingerprint images [J]. Pattern Recognition, 25 (2): 139-153.

[65] HSIEH C T, LU Z Y, LI T C, et al, 2000. An effective method to extract fingerprint singular point [C] //The 4th International Conference/Exhibition on High Performance Computing in the Asia-Pacific Region, May 14-17, Beijing, China. NewYork: IEEE.

[66] KOO W M, KOT C C, 2001. Curvature-based singular points detection [C] //International Conference on Audio&Video-Based Biometric Person Authentication, January 1, Halmstad, Sweden. Berlin: Springer.

[67] SOIFER V A, KOTLYAR V V, KHONINA S N, et al, 1996. Fingerprint identification using the directions field [C] //International Conference on Pattern Recognition, August 21, Montreal, Canada. New York: IEEE.

[68] WOO K L, JAE H C, 1997. Automatic real-time identification of fingerprint images using wavelets and gradient of Gaussian [J]. Journal of Circuits, Systems, and Computers, 1997, 7 (5): 433-440.

[69] VAIDEHI V, NARESH B N T, PONSAMUEL M A, et al, 2010. Fingerprint identification using cross correlation of field orientation [C] //The 2nd International Conference on Advanced Computing, January 29-31, Shenyang, China. NewYork: IEEE.

[70] WANG Y, HU J K, 2011. Global ridge orientation modeling for partial fingerprint identification [J]. Pattern Analysis and Machine Intelligence, 33 (1): 72-87.

[71] KARU K, JAIN A K, 1996. Fingerprint classification [J]. Pattern Recognition, 29: 389-04.

[72] CAI X M, FAN J L, GAO X B, 2011. Directional filter masks for fingerprint enhancement ased on fibonacci sequences [J]. Pattern Recognition and Artificial Intelligence, 24: 360- 367.

[73] DENG Z H, DING Y J, 2005. The algorithm of fingerprint enhancement base on dynamic direction [J]. Microelectronics & Computer, 22: 70-72.

[74] MOKJU M, ABU-BAKAR S A R, 2004. Fingerprint matching based on directional image constructed using expanded Haar wavelet transform [C] //International Conference on Computer Graphics, Imaging and Visualization, July 2, Penang, Malaysia. New York: IEEE.

[75] MAIO D, MALTONI D, 1996. A structural approach to fingerprint classification [C] //International Conference on Pattern Recognition, August 21, Montreal, Canada. New York: IEEE.

[76] RATHA N K, KARU K, SHAOYUN C, et al, 1996. A real-time matching system for large fingerprint databases [J]. IEEE Transactions on Pattern Analysis and Machine Intelligence, 18: 799-813.

[77] REN Q, TIAN J, HE Y L, et al, 2002. Automatic fingerprint identification using cluster algorithm [C] //The 16th International Conference on Pattern Recognition, December 10, Quebec City, Canada. New York: IEEE.

[78] PALMER LR, AL-TARAWNEH M S, DLAY S S, et al, 2008. Efficient fingerprint feature extraction: Algorithm and performance evaluation [C] //The 6th International Symposium on Communication Systems, Networks and Digital Signal Processing, May 19-23, Beijing, China. NewYork: IEEE.

[79] MITAL D P, TEOH E K, 1996. An automated matching technique for fingerprint identification [C] //The 6th International Conference on Emerging Technologies and Factory Automation, September 9-12, Los Angeles, USA. New York: IEEE.

[80] BEBIS G, DEACONU T, GEORGIOPOULOS M, 1999. Fingerprint identification using Delaunay

triangulation〔C〕//International Conference on Information Intelligence and Systems，October 31-November 3，Bethesda，Maryland. New York：IEEE.

[81] MISTRY P I，PAUNWALA C N，2013. Fusion fingerprint minutiae matching system for personal identification〔C〕//The 4th International Conference on Computing，Communications and Networking Technologies，July 4-6，Tiruchengode，India. NewYork：IEEE.

[82] KAUR R，SANDHU P S，KAMRA A，2010. A novel method for fingerprint feature extraction〔C〕//International Conference on Networking and Information Technology，June 11-13，Manila，Philippines. New York：IEEE.

[83] FAHMY M F，THABET M A. A fingerprint segmentation technique based on morphological processing〔C〕//IEEE International Symposium on Signal Processing and Information Technology，September 26-28，Simla，India. New York：IEEE.

[84] DAS D，MUKHOPADHYAY S，2015. Fingerprint image segmentation using block-based statistics and morphological filtering〔J〕. Arabian Journal for Science and Engineering，40：3161- 3171.

[85] SINGH P，KAUR L，2015. Fingerprint feature extraction using morphological operations〔C〕//International Conference on Advances in Computer Engineering and Applications，March 19-20，Ghaziabad，India. NewYork：IEEE.

[86] DAVIS K H，BIDDULPH R，BALASHEK S，1952. Automatic recognition of spoken digits〔J〕. Journal of the Acoustical Society of America，24（6）：669.

[87] HOWARD R A，1966. Dynamic programming〔J〕. Management Science，12（5）：317-348

[88] BAUM L E，1972. An inequality and associated maximization technique in statistical estimation for probablistic functions of Markov processes〔J〕. Inequalities，3：1-8

[89] RABINER L R，JUANG B H，1986. An introduction to hidden Markov models〔J〕. IEEE ASSP Magazine，3（1）：4-16.

[90] 甄斌，吴玺宏，2001. 语音识别和说话人识别中各倒谱分量的相对重要性〔J〕. 北京大学学报（自然科学版），37（3）：371-378

[91] 王作英，肖熙，2004. 基于段长分布的 HMM 语音识别模型〔J〕. 电子学报，32（1）：46-9

[92] QI Y，SOH C B，GUNAWAN E，et al，2015. Assessment of foot trajectory for human gait phase detection using wireless ultrasonic sensor network〔J〕. IEEE Transactions on Neural Systems and Rehabilitation Engineering，24（1）：88-97.

[93] HAN J，BHANU B，2005. Individual recognition using gait energy image〔J〕. IEEE Transactions on Pattern Analysis and Machine Intelligence，28（2）：316-322.

[94] LAM T H W，LEE R S T，2006. A new representation for human gait recognition：Motion Silhouettes Image（MSI）〔M〕. Berlin：Springer.

[95] 贾世杰，孔祥维，2011. 一种新的直方图核函数及在图像分类中的应用〔J〕. 电子与信息学报，33（7）：1738-1742.

[96] GOODFELLOW I，POUGET-ABADIE J，MIRZA M，et al，2014. Generative adversarial nets〔J〕. Advances in Neural Information Processing Systems，27：2672-2680.

[97] YU S，CHEN H，REYES E B G，et al，2017. GaitGAN：Invariant gait feature extraction using generative adversarial networks〔C〕//IEEE Conference on Computer Vision and Pattern Recognition，July 21-26，Honolulu，USA. NewYork：IEEE.

[98] 余超，关胜晓，2015. 基于 TLD 和 DTW 的动态手势跟踪识别〔J〕. 计算机系统应用，24（10）：148-154.

［99］ 张毅，姚圆圆，罗元，等，2015. 一种改进的 TLD 动态手势跟踪算法［J］. 机器人，37（6）：754-759.

［100］ AHAD M，TAN J K，KIM H，et al，2012. Motion history image：its variants and applications ［J］. Machine Vision and Applications，23（2）：255-281.

［101］ LAPTEV I，MARSZALEK M，SCHMID C，et al，2008. Learning realistic human actions from movies ［C］//IEEE Computer Society Conference on Computer Vision and Pattern Recognition，June 23-28，Anchorage，USA. New York：IEEE.

［102］ DALAL N，TRIGGS B，2005. Histograms of Oriented Gradients for Human Detection ［C］//International Conference on Computer Vision & Pattern Recognition，June 20-25，San Diego，USA. New York：IEEE.

［103］ KLASER A，MARSZAŁEK M，SCHMID C，2008. A spatio-temporal descriptor based on 3d-gradients ［C］//The 19th British Machine Vision Conference，September，Leeds，UK. London：BMVC.

［104］ OHN-BAR E，TRIVEDI M M，2014. Hand gesture recognition in real time for automotive interfaces：A multimodal vision-based approach and evaluations ［J］. IEEE Transactions on Intelligent Transportation Systems，15（6）：2368-2377.

［105］ WANG H，KLASER A，SCHMID C，et al，2013. Dense trajectories and motion boundary descriptors for action recognition ［J］. International Journal of Computer Vision，103（1），60-79.

［106］ WILLEMS G，TUYTELAARS T，GOOL L，2008. An efficient dense and scale-invariant spatio-temporal interest point detector ［M］. Berlin：Springer.

［107］ SCOVANNER P，ALI S，SHAH M，2007. A 3-dimensional sift descriptor and its application to action recognition ［C］//The 15th ACM International Conference on Multimedia，September 28-29，Augsburg，Germany. NewYork：ACM.

［108］ LECUN Y，BOSER B，DENKER J S，et al，1989. Backpropagation applied to handwritten zip code recognition ［J］. Neural Computation，1（4）：541-551.

［109］ SIMONYAN K，ZISSERMAN A，2014. Two-stream convolutional networks for action recognition in videos ［C］//Advances in Neural Information Processing Systems，September 7-14，Montreal，Canada. Montreal：NIPS.

［110］ FEICHTENHOFER C，PINZ A，ZISSERMAN A. Convolutional two-stream network fusion for video action recognition ［C］//IEEE Conference on Computer Vision and Pattern Recognition，June 26-July 1，Las Vegas，USA. New York：IEEE.

［111］ WANG L，XIONG Y，WANG Z，et al，2018. Temporal segment networks for action recognition in videos ［J］. IEEE Transactions on Pattern Analysis and Machine Intelligence，41（11）：2740-2755.

［112］ 胡戎翔，2012. 基于掌纹和手形的生物特征识别方法［D］. 合肥：中国科学技术大学.

［113］ 钟德星，朱劲松，杜学峰，2019. 掌纹识别研究进展综述［J］. 模式识别与人工智能，32（5）：436-445.

［114］ LI C，LIU F，ZHANG Y，2010. A Principal Palm-Line Extraction Method for Palm print Images Based on Diversity and Contrast ［C］//International Congress on Image and Signal Processing，October 16-18，Yantai，China. New York：IEEE.

［115］ PARIHAR A，KUMAR A，VERMA O，et al，2013. Point based features for contact-less palmprint images ［C］//IEEE International Conference on Technologies for Homeland Security，November 12-14，Waltham，USA. New York：IEEE.

[116] GAYATHRI R，RAMAMOORTHY P，2012. Automatic palmprint identification based on high order zernike moment. american [J]. Applied Sciences，9（5）：759-765.

[117] GAO X，LUO X，PAN X，et al，2015. Palmprint recognition based on deep learning [C] //International Conference on Wireless Mobile and Multi-media，November 20-23，Beijing，China. New York：IEEE.

[118] LIU D，SUN D，2016. Contactless palmprint recognition based on convolutional neural network [C] //International Conference on Signal Processing，November 6-10，Chengdu，China. New York：IEEE.

[119] SUN Q，ZHANG J，YANG A，et al，2017. Palmprint recognition with deep convolutional features [C] //Chinese Conference on Image and Graphics Technologies，June 6-7，Beijing，China. Beijing：CCIG.

[120] SVOBODA J，MASCI J，BRONSTEIN M，2016. Palmprint recognition via discriminative index learning [C] //The 23rd International Conference on Pattern Recognition，December 4-8，Cancun，Mexico. New York：IEEE.

[121] ZHANG L，CHENG Z，SHEN Y，et al，2018. Palmprint and palmvein recognition based on dcnn and a new large-scale contactless palmvein dataset [J]. Symmetry，10（4）.

[122] WANG G，KANG W，WU Q，et al，2018. Generative Adversarial Network（GAN）based data augmentation for palmprint recognition [C] //Conference on Digital Image Computing：Techniques and Applications，December 10-13，Canberra，Australia. NewYork：IEEE.

[123] LIU Y，KUMAR A，2018. A deep learning based framework to detect and recognize humans using contactless palmprints in the wild [C] //IEEE Conference on Computer Vision and Pattern Recognition，June 18-22，Salt Lake City，USA. NewYork：IEEE.

[124] ZHONG D，YANG Y，DU X，2018. Palmprint recognition using siamese network [C] //The 13th Chinese Conference on Biometric Recognition，August 11-12，Urumqi，China. Beijing：CCBR.

[125] ZHONG D X，ZHU J，2019. Centralized large margin cosine loss for open set deep palmprint recognition [J]. IEEE Transactions on Circuits and Systems for Video Technology，30（6）：1559-1568.